DK 621.438:62.001.6

FORSCHUNGSBERICHTE
DES WIRTSCHAFTS- UND VERKEHRSMINISTERIUMS
NORDRHEIN-WESTFALEN

Herausgegeben von Staatssekretär Prof. Dr. h. c. Dr. E. h. Leo Brandt

Nr. 483

Dipl.-Ing. Werner Zimmer

Dr.-Ing. Herbert Heitland

Gemischbildungs-, Selbstzündungs-
und Verbrennungsvorgänge im Hinblick auf die
Vorgänge bei Gasturbinenbrennkammern

aus dem
Institut für Wärmetechnik und Verbrennungsmotoren
der Rhein.-Westf. Technischen Hochschule Aachen
Leiter: Prof. Dr.-Ing. habil. F. A. F. Schmidt

Als Manuskript gedruckt

WESTDEUTSCHER VERLAG / KÖLN UND OPLADEN

1958

ISBN 978-3-663-03661-6   ISBN 978-3-663-04850-3 (eBook)
DOI 10.1007/978-3-663-04850-3

Forschungsberichte des Wirtschafts- und Verkehrsministeriums Nordrhein-Westfalen

G l i e d e r u n g

    I. Übersicht . . . . S. 5

   II. Einleitung . . . . S. 5

  III. Der Selbstzündungs- und Verbrennungsvorgang . . . . S. 6

   IV. Der Gemischbildungsvorgang . . . . S. 26

    V. Die gegenseitige Einwirkung von Gemischbildung und
Einspritzung von flüssigem Kraftstoff . . . . S. 30

   VI. Die Verbrennung fester staubförmiger Brennstoffe
in Gasturbinen . . . . S. 42

 VII. Grundlagen zu Untersuchungen an Modellbrennkammern . . . . S. 46

VIII. Prüfstandsbeschreibung und Verbrennungsversuche . . . . . . S. 67

Forschungsberichte des Wirtschafts- und Verkehrsministeriums Nordrhein-Westfalen

Die Bearbeitung der Kapitel III, IV und VI erfolgte durch Dipl.-Ing. W. ZIMMER aufgrund der Originalarbeiten von Dr.-Ing. A. BECKERS, Dr.-Ing. N. ERBAKAN und Dr.-Ing. W.J. LEVEDAHL, sowie Verwendung von Fachliteratur für Kapitel VI. Kapitel V, VII und VIII wurde von Dipl.-Ing. G. WINTERFELD unter Verwendung der maßgebenden Fachliteraturarbeiten zusammengestellt. Insbesondere wurden für Kapitel VII Arbeiten von Dipl.-Ing. A. PFLEGHAAR und für Kapitel VIII von Dipl.-Ing. H. HEITLAND verwendet.

Weitere Untersuchungen von Dipl.-Ing. H. HEITLAND im Rahmen der vorliegenden Forschungsarbeiten, die sich speziell mit den Problemen des Druckverlustes und Wirkungsgrades von Brennkammern, sowohl theoretisch als auch experimentell, befassen, sind im Forschungsbericht 505 veröffentlicht.

Forschungsberichte des Wirtschafts- und Verkehrsministeriums Nordrhein-Westfalen

I. Übersicht

Bei den Zündungs- und Verbrennungsvorgängen in Gasturbinenbrennkammern sind eine große Anzahl von Einzelvorgängen wie Aufheizung, Gemischbildung, Selbstzündungsreaktion, Strahlung, Wärmeleitung und Beschleunigungsvorgänge beteiligt, die in ihrem Zusammenwirken schwer überschaut werden können. Deshalb können Einzeluntersuchungen an einer fertigen Brennkammer nicht in hinreichendem Maße die gewünschten theoretischen und experimentellen Grundlagen liefern. Vielmehr ist zusätzlich eine Untersuchung der Einzelprobleme, die für ein einwandfreies Arbeiten der Brennkammer von Bedeutung sind, notwendig. In dem vorliegenden Bericht sind in erster Linie die Selbstzündungsvorgänge, das Zusammenwirken von Gemischbildungs- und Zündungsvorgängen, insbesondere bei Einspritzung von flüssigem Kraftstoff, sowie die Beeinflussung der Stabilität der Verbrennung durch die erwähnten Einflußgrößen untersucht. Weiterhin sind die ersten Teiluntersuchungen, die sich auf die Zusammenhänge zwischen den auftretenden Druckänderungen und den Verbrennungsvorgang beziehen, auszugsweise behandelt. Die eingehende Bearbeitung dieser Probleme ist einer späteren Veröffentlichung vorbehalten.

Untersuchungen von Teilproblemen werden zweckmäßigerweise an Modellbrennkammern durchgeführt, da der große Durchsatz der vorhandenen Serienbrennkammern einen zu großen experimentellen Aufwand und zu hohe Kraftstoffkosten verursachen würde. Aus den Versuchsergebnissen an Modellbrennkammern können auf Grund von Ähnlichkeitsbetrachtungen z.T. Schlüsse gezogen werden, die für die Weiterentwicklung der Serienbrennkammern von Nutzen sind. Die Einzelkapitel des Berichtes sind vorwiegend selbständig von den am Schlusse des Inhaltsverzeichnisses genannten Mitarbeitern bearbeitet worden.

II. Einleitung

Die Entwicklung der Gasturbinen ging von dem ursprünglichen System der Verpuffungsturbine allgemein zur Gleichdruckturbine, welche praktisch nur noch verwendet wird. Die Wärmezufuhr in einer Gleichdruckanlage geschieht entweder durch einen Wärmetauscher oder durch direkte Verbrennung der Kraftstoffe im Arbeitsmedium. Die dafür erforderlichen Brennkammern sind entsprechend ihrer Funktion von vielen Einzelbedingungen abhängig.

Um Unterlagen zum Entwurf von Brennkammern zu erhalten, müssen diese Einzelvorgänge (z.B. der Selbstzündungsvorgang, Gemischbildung, Verbrennung, Strömung, usw.) in der Kammer und ihre gegenseitige Beeinflussung durch umfangreiche Versuche, also experimentell und weitgehend auch theoretisch untersucht werden. Voraussetzung für die Versuchsarbeiten sind geeignete Prüfstände.

Aus Gründen der Wirtschaftlichkeit ist es günstig, die experimentellen Untersuchungen an ähnlichen Modellbrennkammern durchzuführen, da die Einheitsleistung von Brennkammern entsprechend der Entwicklung zu immer größeren Triebwerksleistungen immer höheren Aufwand für die experimentellen Vorarbeiten erfordern.

Die Versuchsergebnisse werden dann mittels Ähnlichkeitsbetrachtungen auf die zu entwerfenden Brennkammern übertragen.

Der vorliegende Bericht behandelt in den ersten Abschnitten Einzelvorgänge, die nicht notwendig in Brennkammern selbst untersucht werden müssen, weitere Teile behandeln spezielle Fragen von Modellversuchen, wobei neben der Einspritzung von flüssigem Kraftstoff auch die Verbrennung fester Brennstoffe in Staubform diskutiert wird.

III. Der Selbstzündungs- und Verbrennungsvorgang

Zuerst soll über Ergebnisse der Untersuchungen von Dr. BECKERS, Dr. STEMANN, Dr. ERBAKAN und Dr. LEVEDAHL berichtet werden, die sich mit dem Selbstzündungs- und Verbrennungsvorgang befassen. Die damit zusammenhängenden Fragen klären eine wesentliche Frage des vorliegenden Gebietes, das verbrennungstechnische Problem, weil es die Aufgabe der Brennkammern ist, große Wärmemengen auf kleinem Raum bei möglichst geringen Verlusten nutzbar freizumachen.

Aus dieser Aufgabe der Gasturbinen-Brennkammer resultiert die Forderung nach raschem Durchbrennen, dessen Voraussetzung kurze Zündverzugszeiten, d.h. eine schnelle Selbstzündung ist. Aber auch die Frage der Flammenstabilisierung rückt den Selbstzündungsvorgang in den Vordergrund des Interesses.

Auf diesem Teilgebiet ergibt sich damit das Ziel, die die Selbstzündung und Verbrennung bestimmenden Kraftstoffeigenschaften in wenigen charakteristischen Kennzahlen erfassen. Die Reaktionsvorgänge bei der Selbstzündung eines Kraftstoffluftgemisches, wie es in der Brennkammer vorliegt, sind ähnliche, wie sie bei der Selbstzündung des Brennstoffstrahles im Verbrennungsmotor oder bei der Explosion von Gasgemischen auftreten. Zwar werden in den verschiedenen Fällen die beeinflussenden Zustände - Druck und Temperatur - auf andere Weise hergestellt, als in den einzelnen Teilen der Flammenfront der Brennkammer, doch ändert dieser Umstand nichts an dem Ablauf der Reaktionen.

Einige grundlegende Versuche wurden in einer speziellen Verdichtungsapparatur, andere im Brennraum eines fremd angetriebenen Verbrennungsmotors durchgeführt.

Die Verdichtungsapparatur (Abb. 1) gestattet es, den Selbstzündungsvorgang eines Kraftstoffdampf-Luftgemisches bei verschiedenen, eindeutig festgelegten physikalischen Bedingungen zu verfolgen.

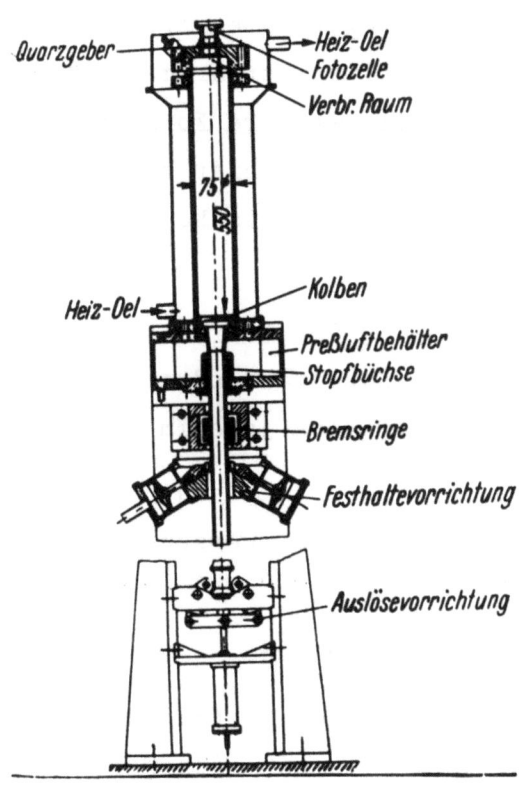

Abbildung 1
Versuchseinrichtung zur Untersuchung der Selbstzündung
von Kraftstoffdampf-Luftgemischen (annähernd adiabatische Verdichtung.)

Das Gemisch wird - ausgehend von einem Druck und einer Temperatur, bei der eine Selbstzündungsreaktion praktisch nicht meßbar ist - in einer so kurzen Zeit, die im Vergleich zur Zündungsdauer vernachlässigbar klein ist, auf einen geforderten Zustand verdichtet. Die Versuchseinrichtung ist eine verbesserte Ausführung des vor 10 bis 15 Jahren in der DVL benutzten Apparates. Die Verdichtung geschieht durch einen mittels Druckluft bewegten Kolben, der in seiner Endlage durch hydraulisch angepreßte Haltebolzen festgehalten wird.

Es wurde zunächst die Zündverzugszeit untersucht, wobei die laufenden Vorgänge durch Fotozelle und Ionisationsuntersuchungen geprüft wurden. In Vorbereitung befindet sich z.Z. eine Einrichtung zur unmittelbaren optischen Beobachtung.

Im Rahmen dieses Berichtes ist es nicht möglich, die Einzelheiten dieser Sonderapparaturen genauer zu beschreiben.

Da sich im Laufe der bisher durchgeführten Arbeiten ein grundsätzlich unterschiedliches Reaktionsverhalten der aromatischen und paraffinischen Kraftstoffe feststellen ließ, das weitere Forschungsarbeit besonders der letztgenannten erforderlich macht, sei hier zuerst auf die Entwicklung der Arbeiten für Kraftstoffe von aromatischem Aufbau und ihre Ergebnisse hingewiesen.

Erschwerend für die Kennzeichnung der Kraftstoffe und die Auswertung der Versuche ist die Tatsache, daß für die Zündverzugsperiode verschiedene Definitionen bestehen, die zweifellos jede in ihrer Weise berechtigt sind.

In Abbildung 2, die den Druckverlauf während des Selbstzündungsvorganges schematisch zeigt, ist dies durch zwei verschiedene Zündverzugsdefinitionen dargestellt.

Z.B. sind folgende Definitionen möglich:

1) Der Zündverzug ist die Zeit, die vom Ende der Verdichtung bis zum ersten meßbaren Druckanstieg vergeht (dargestellt als z, in Abb. 2)

2) Die Zündverzugszeit ist mit dem ersten Ansprechen einer Fotozelle beendet.

3) Der Zündverzug ist die Zeit, die vom Ende der Verdichtung bis zum Erreichen einer festzulegenden Mindesttemperatur verstreicht.

Der unter 3 genannte ist im verbrennungstechnischen Sinne von Bedeutung und als Z_2 in Abbildung 2 eingezeichnet.

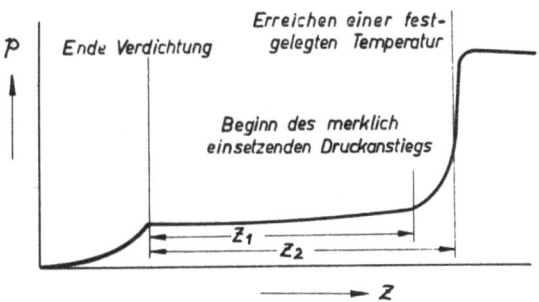

Abbildung 2
Schematische Darstellung der zeitlichen Druckentwicklung eines Selbstzündungsvorganges

Bei Auswertung der durchgeführten Versuche ergab sich die Möglichkeit, die Ergebnisse durch die empirische Gleichung für den Zündverzug

$$z = \frac{e^{\frac{b'}{T}}}{p^{n'}} \cdot a' \tag{1}$$

darzustellen.

Die Konstanten a', b' und n', die danach als die charakteristischen Kennzahlen der Kraftstoffe zu werten wären, sind zur Unterscheidung von einer später abzuleitenden Formel für den Zündverzug mit Indizes gekennzeichnet.

In Abbildung 3 sind die ermittelten Werte einmal für Definition 1, zum andern für die Difinition 2 eingezeichnet. Naturgemäß sind die absoluten Zündverzugszeiten verschieden, leider ergeben sich auch verschieden große Konstanten a', b' und n'. Dies läßt sich ebenso aus Abbildung 4 erkennen, in der die Meßergebnisse, logarithmisch aufgetragen, Geraden ergeben. Es zeigt sich, daß im betrachteten Temperaturbereich die Werte b' annähernd Konstanten sind. Allerdings liegt der Auswertung in Abbildung 4 die empirische Gleichung

$$z = \frac{e^{\frac{b'}{T_1}} \sqrt{T_1}}{P_1^{n'}} \cdot a' \tag{2}$$

zugrunde.

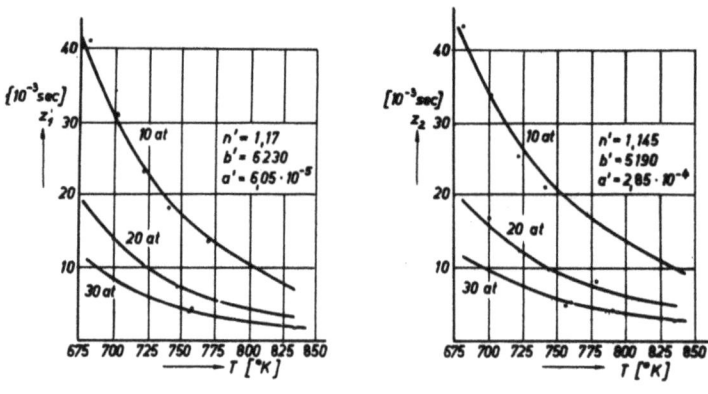

Abbildung 3

Abhängigkeit der Zündverzugsperiode von Druck und Temperatur

Kraftstoff: 80 % Benzol   20 % n Heptan $\lambda = 1$

Konstanten nach der empirischen Gleichung $Z = a' \dfrac{e^{b'/T_1}}{P_1^{n'}}$ ermittelt

Bearbeiter: Dr. STEMANN

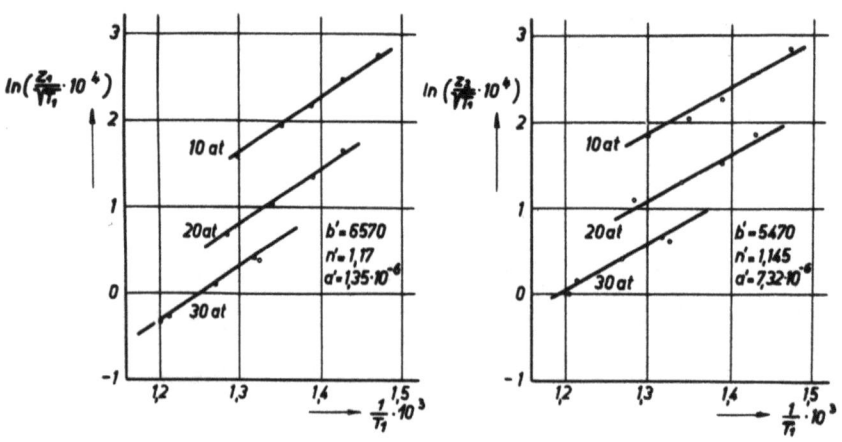

Abbildung 4

Ermittlung der Konstanten in der empirischen Gleichung für die Zündverzugsperiode

$$Z = \frac{e^{b'/T_1} \sqrt{T_1}}{P_1^{n'}} \cdot a'$$

Bearbeiter Dr. STEMANN

Nach beiden Gleichungen lassen sich für die technische Anwendung keine brauchbaren Lösungen finden, da die auftretenden Unterschiede in den Zahlenwerten der charakterisierenden Kennzahlen, je nach welcher Definition das Ende der Zündverzugszeit festgelegt wurde, zu groß sind.

Darum wurde von F.A.F. SCHMIDT folgende Auswertungsmethode entwickelt, durch die es möglich wird, die Konstanten für die Reaktionsgeschwindigkeit selbst zu ermitteln. Obgleich die Reaktionsgeschwindigkeit nicht konstant bleibt während des Verlaufs der Selbstzündung, so müßte doch bei gleichem Reaktionstypus und gleichen Reaktionsgesetzmäßigkeiten eine Kennzeichnung der Kraftstoffe durch Kennzahlen erreichbar sein, die nicht von der Definition des Zündverzuges abhängig ist.

Um die Verhältnisse klar herauszustellen, wurde die Ableitung für das Beispiel einer bimolekularen Reaktion dargestellt, deren Berechnung theoretisch mit genauen Stoffwerten durchführbar ist.

Ausgehend von der kinetischen Gastheorie kann nach Boltzmann die Zahl der erfolgreichen Stöße dem Faktor $e^{-\frac{E}{RT}}$

proportional gesetzt werden, und die Reaktionsgeschwindigkeit wird

$$\frac{d[B]}{dz} = f(r_1; r_2; w_1; w_2; [O_2]; [B])\, e^{-\frac{E}{RT}} \tag{3}$$

wobei r_1 und r_2 die mittleren Radien der Moleküle,
w_1 und w_2 die mittleren Molekülgeschwindigkeiten
von Sauerstoff und Brennstoff,
$[O_2]$ die molare Konzentration des O_2,
$[B]$ die molare Konzentration des Brennstoffes

sind.

Nimmt man an, daß die Zündverzugsperiode mit Erreichen der Mindesttemperatur T_2 beendigt ist, so erhält man folgende Beziehung für die Zündverzugszeit:

$$Z = \frac{e^{\frac{E}{RT_1}} \cdot \sqrt{T_1}}{P_1} \cdot \alpha \cdot \beta \tag{4}$$

worin

$$\alpha = f(r_1; r_2; M_1; M_2; [O_2]; [B]; e^{\frac{E}{RT}}) \tag{5}$$

und

$$\beta = \frac{\int_{T_1}^{T_2} \frac{e^{\frac{E}{RT}}}{\sqrt{T}} \, dT}{\frac{e^{\frac{E}{RT_1}}}{\sqrt{T_1}} (T_2 - T_1)} \tag{6}$$

ist.

Durch β wird die Verkürzung der Zündverzugsperiode durch die Zunahme der Reaktionsgeschwindigkeit infolge der Temperaturerhöhung berücksichtigt.

Im Gegensatz zum oben angedeuteten Fall der bimolekularen Reaktion, in der sich Reaktionsgeschwindigkeit und Zündverzugszeit aus den bekannten Daten der Reaktionspartner (Durchmesser der Moleküle etc.) als Absolutwerte berechnen lassen, trifft dies nicht für die technisch wichtigen Kraftstoffe zu. Trotzdem erscheint eine analoge Ableitung auch hierfür verwendbar, wobei die bisherigen Ergebnisse zur Deutung der empirischen Größen dienen können.

Unter Berücksichtigung, daß bei dem Selbstzündungsvorgang technischer Kraftstoffe es sich nicht um eine Reaktionsstufe handelt, sondern daß in Kettenreaktionen Zwischenprodukte auftreten können und daß auch für Kettenreaktionen die Reaktionsgeschwindigkeit proportional $e^{\frac{-b}{T}}$ und p^n ist, kann folgende Beziehung angenommen werden:

$$\frac{d[B]}{dz} = \frac{p^n \cdot d}{e^{\frac{b}{T}} \cdot \sqrt{T}} \tag{7}$$

Analog der obigen Ableitung ergibt sich hier für den Zündverzug die Formel

$$Z = \frac{e^{\frac{b}{T_1}} \cdot a}{P_1^n} \cdot \beta \cdot \sqrt{T_1} \tag{8}$$

worin

$$\beta = \frac{\int_{T_1}^{T_2} \frac{e^{\frac{b}{T}}}{T^{(n-\frac{1}{2})}} \cdot dT}{\frac{e^{\frac{b}{T_1}}}{T_1^{(n-\frac{1}{2})}} \cdot (T_2 - T_1)} \tag{9}$$

ist.

Der Wert b nimmt im Vergleich zur theoretisch abgeleiteten Formel die Bedeutung einer scheinbaren Aktivierungsenergie ein. Er ist jedoch wegen der unübersehbaren Reaktionsvorgänge nicht damit zu identifizieren. Zu Vergleichen ist es sinnvoll, b etwa als die scheinbar mittlere Aktivierungsenergie zu bezeichnen.

Wenn die Werte b, d und n der Gleichung 7 die Rolle der charakteristischen Kennzahlen übernehmen sollen, müssen sie für den gesamten Bereich des Selbstzündungsvorganges konstant bleiben, dürfen also nicht von der Definition des Zündverzuges bzw. der Länge der Zündverzugszeit beeinflußt werden.

Aus den Gleichungen 8 und 9 ist es auf Grund der gemessenen Zündverzugszeiten nun möglich, die Werte b und n zu errechnen.

Der Wert für d kann aus der Ableitung als Absolutwert ebenfalls bestimmt werden.

$$d = f\left(a; \sum M_{cp} \Big|_{T_1}^{T_2}; \sum M_{cp} \Big|_{T_1}^{T_{max}}; T_1; T_{max}; T_2\right) \qquad (10)$$

Mit Hilfe dieser drei Konstanten für die Reaktionsgleichung ist der Reaktionsvorgang bei beliebiger Änderung von Druck und Temperatur rechnerisch erfaßbar.

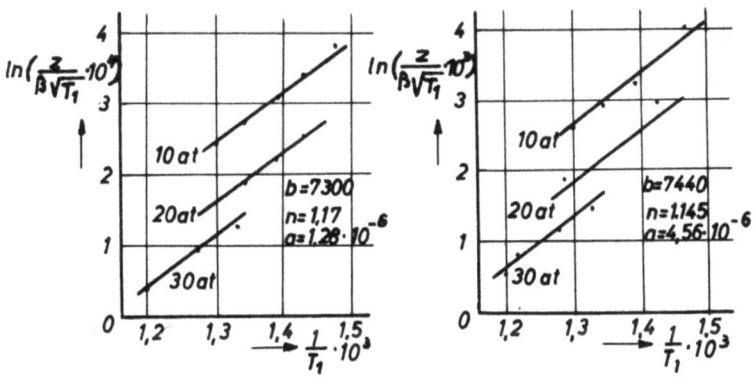

Abbildung 5

Ermittlung der Konstanten in der Beziehung
für die Zündverzugsperiode

$$Z = \frac{e^{b/T_1} \sqrt{T_1}}{P_1^n} \cdot a \cdot \beta$$

Bearbeiter: Dr. STEMANN

Die Auswertung zeigt Abbildung 5. Die darin wieder nach den beiden Definitionen von Z_1 und Z_2 zugrundegelegten Messungen erbringen eine der Versuchsgenauigkeit entsprechende Übereinstimmung der jeweiligen Wert b und n.

Damit ist eine weitgehende Brauchbarkeit dieser halbempirischen Auswertungsmethode gegeben.

Auch in der Anwendung der Konstanten zur Berechnung des Druckverlaufes der einzelnen Zündreaktionen würde die obige Feststellung bestätigt.

Abbildung 6 zeigt die gute Übereinstimmung des gemessenen und berechneten Druckverlaufes.

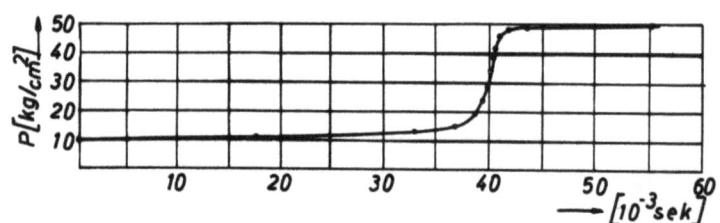

Abbildung 6

Gemessener und berechneter zeitlicher Druckverlauf bei Benzol
Berechnete Werte aus Druck- und Temperaturabhängigkeit der
Zündverzugsperiode ermittelt, theoretisches Mischungsverhältnis
Bearbeiter: Dr. BECKERS

In Abbildung 7 ist der Vergleich zwischen gemessenem und berechnetem zeitlichen Druckverlauf für zwei verschiedene Mischungsverhältnisse durchgeführt.

Für die aromatischen Kraftstoffe, die den vorausgesetzten Reaktionstypus zeigen, kann das Ergebnis der Untersuchungen wie folgt zusammengefaßt werden:

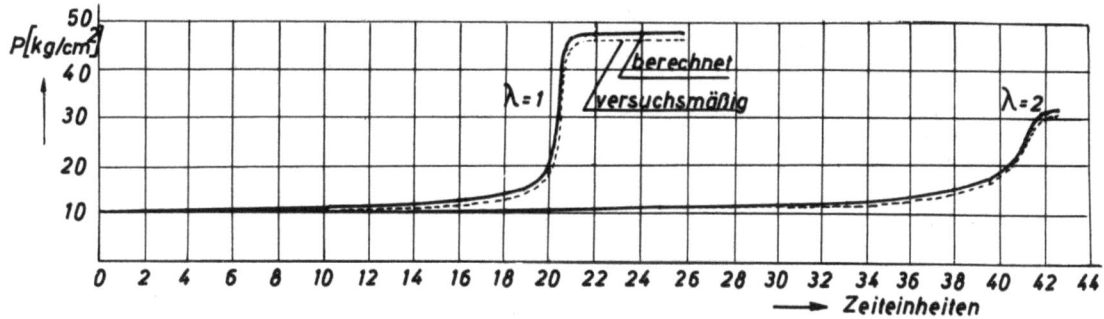

A b b i l d u n g 7

Gemessener und berechneter zeitlicher Druckverlauf
mit Hilfe empirisch ermittelter Konstanten nach der Beziehung

$$\frac{dp_{ges}}{dz} = a\, p_B\, p_{O_2}\, e^{-b/T}$$

Kraftstoff: 80 % Benzol, 20 % n-Heptan

Bearbeiter: Dr. BECKERS

Die angewandte Methode liefert drei charakteristische Kennzahlen, die alles über den summarischen Gesamtablauf des Selbstzündungsvorganges aussagen, was für die technische Anwendung interessant ist, nämlich das Eintreten der Selbstzündung und der physikalische Ablauf der Zündverzugsperiode. Das gilt auch dann, wenn sich die äußeren Bedingungen (Druck, Temperatur, Mischungsverhältnis) ändern.

Gleicherart einfache Ergebnisse stellten sich bei den Untersuchungen der paraffinischen Kraftstoffe nicht ein. Wie später ausgeführt wird, ist der Grund in der abgestuften Reaktion dieser Kraftstoffe zu finden.

Zunächst sollen hier einige Ergebnisse der Untersuchungen von Selbstzündungsvorgängen im Brennraum eines Verbrennungsmotors genannt werden.

Die in den folgenden Abbildungen aufgenommenen Werte wurden im Brennraum eines Dieselmotors studiert, der eine leichte Änderung der verschiedenen Einflußgrößen - Temperatur und Druck der angesaugten Luft, Mischungsverhältnis, Kompressionsverhältnis und Temperatur des Kraftstoffes - ermöglichte.

Dabei wurde im Brennraum der Druckverlauf gemessen und Einspritzbeginn, Einspritzende, sowie der obere Totpunkt markiert. Die Zeit des Zündverzuges wurde von Einspritzbeginn bis zum plötzlichen Druckanstieg gewertet, der den Beginn der Verbrennung anzeigt.

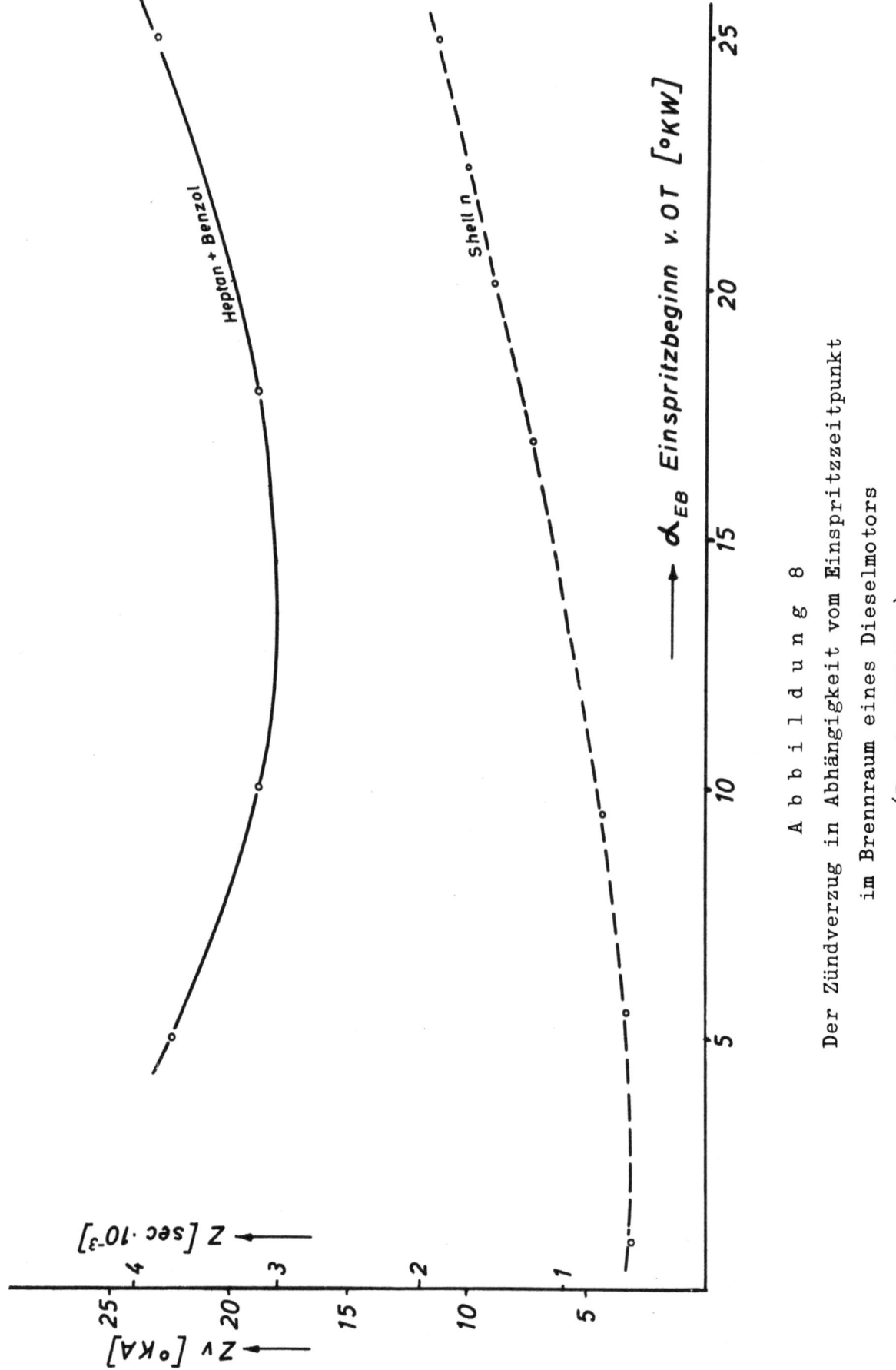

Abbildung 8

Der Zündverzug in Abhängigkeit vom Einspritzzeitpunkt im Brennraum eines Dieselmotors
(Bearb. ERBAKAN)

Forschungsberichte des Wirtschafts- und Verkehrsministeriums Nordrhein-Westfalen

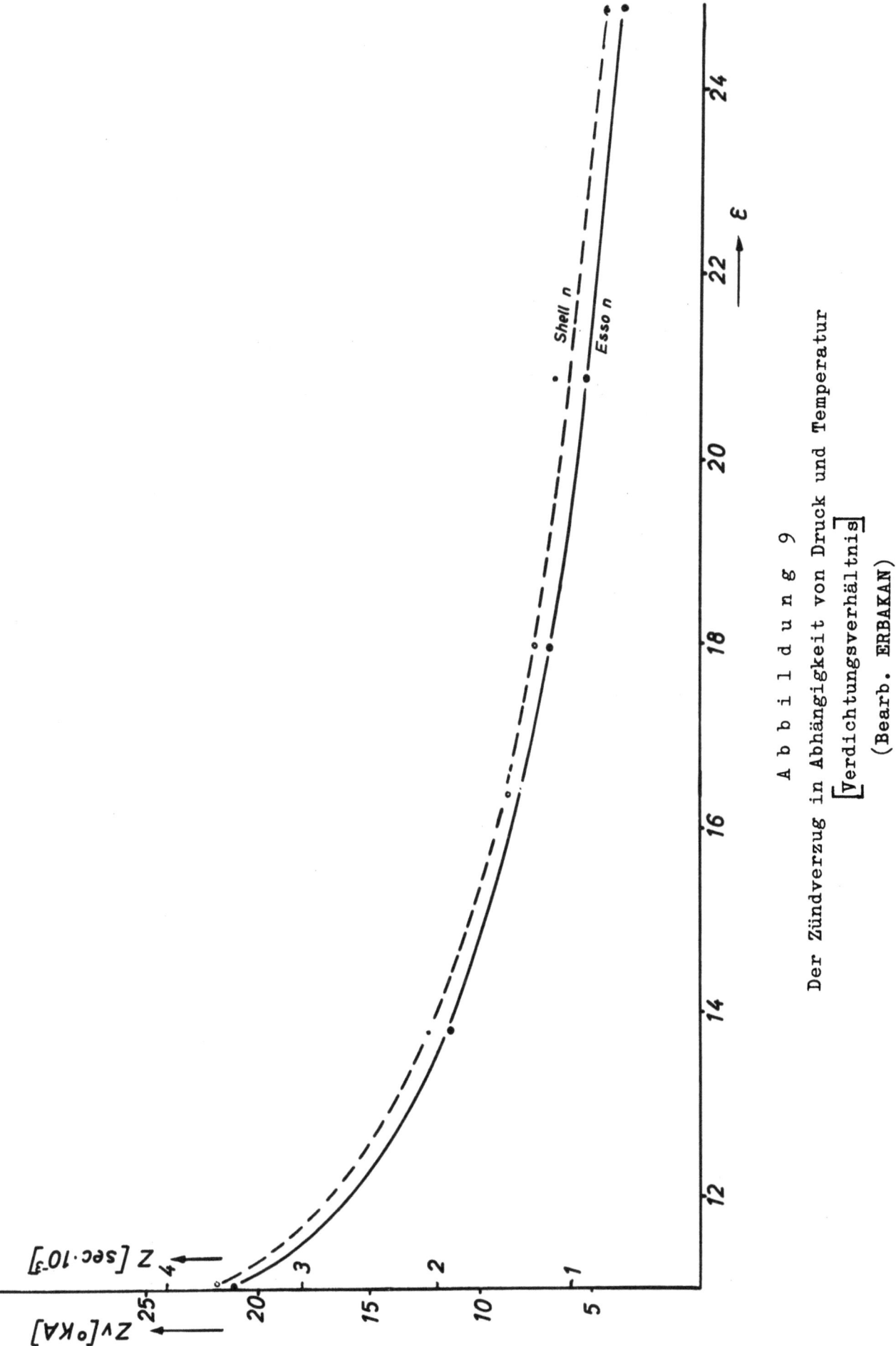

Abbildung 9

Der Zündverzug in Abhängigkeit von Druck und Temperatur
[Verdichtungsverhältnis]
(Bearb. ERBAKAN)

Forschungsberichte des Wirtschafts- und Verkehrsministeriums Nordrhein-Westfalen

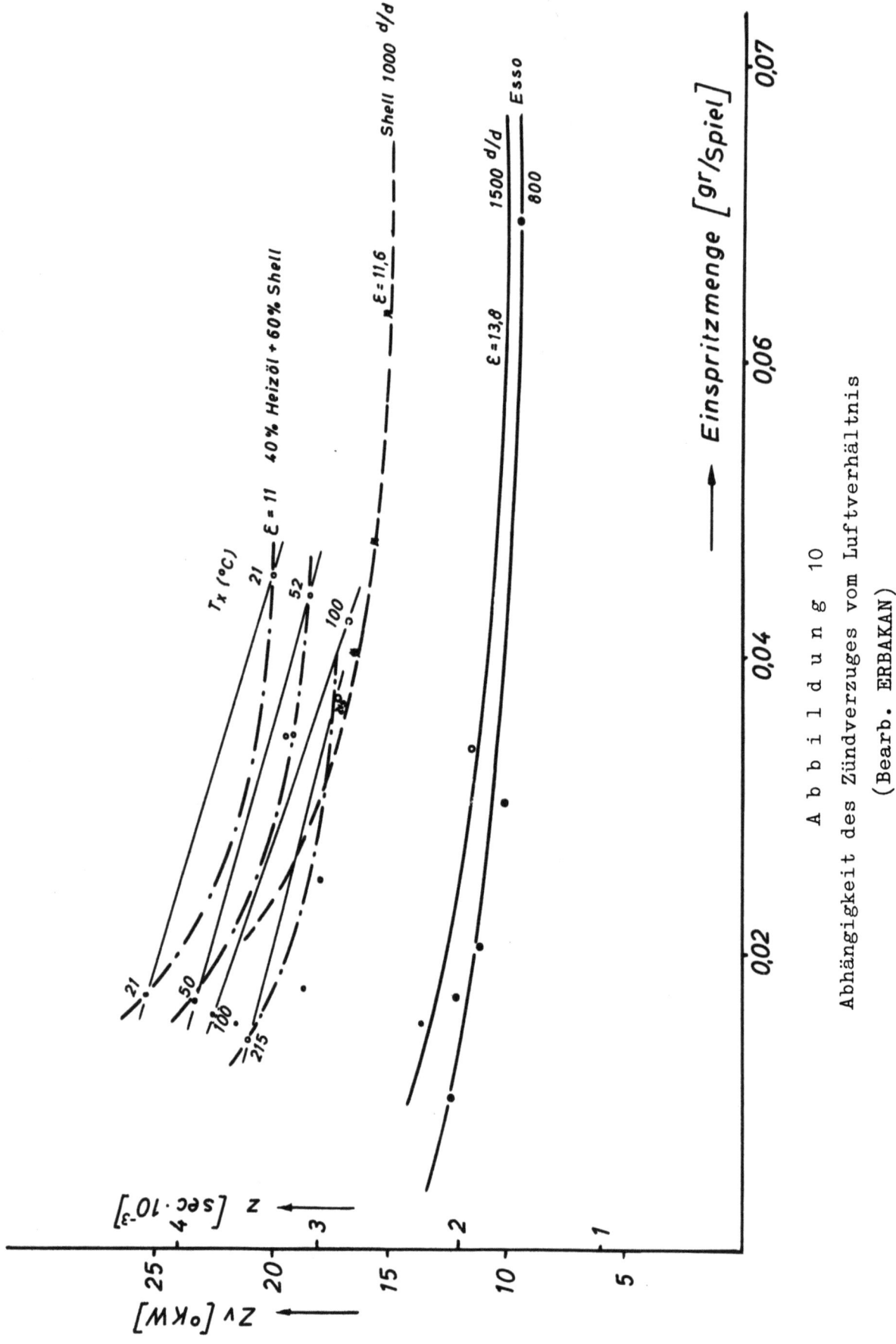

Abbildung 10
Abhängigkeit des Zündverzuges vom Luftverhältnis
(Bearb. ERBAKAN)

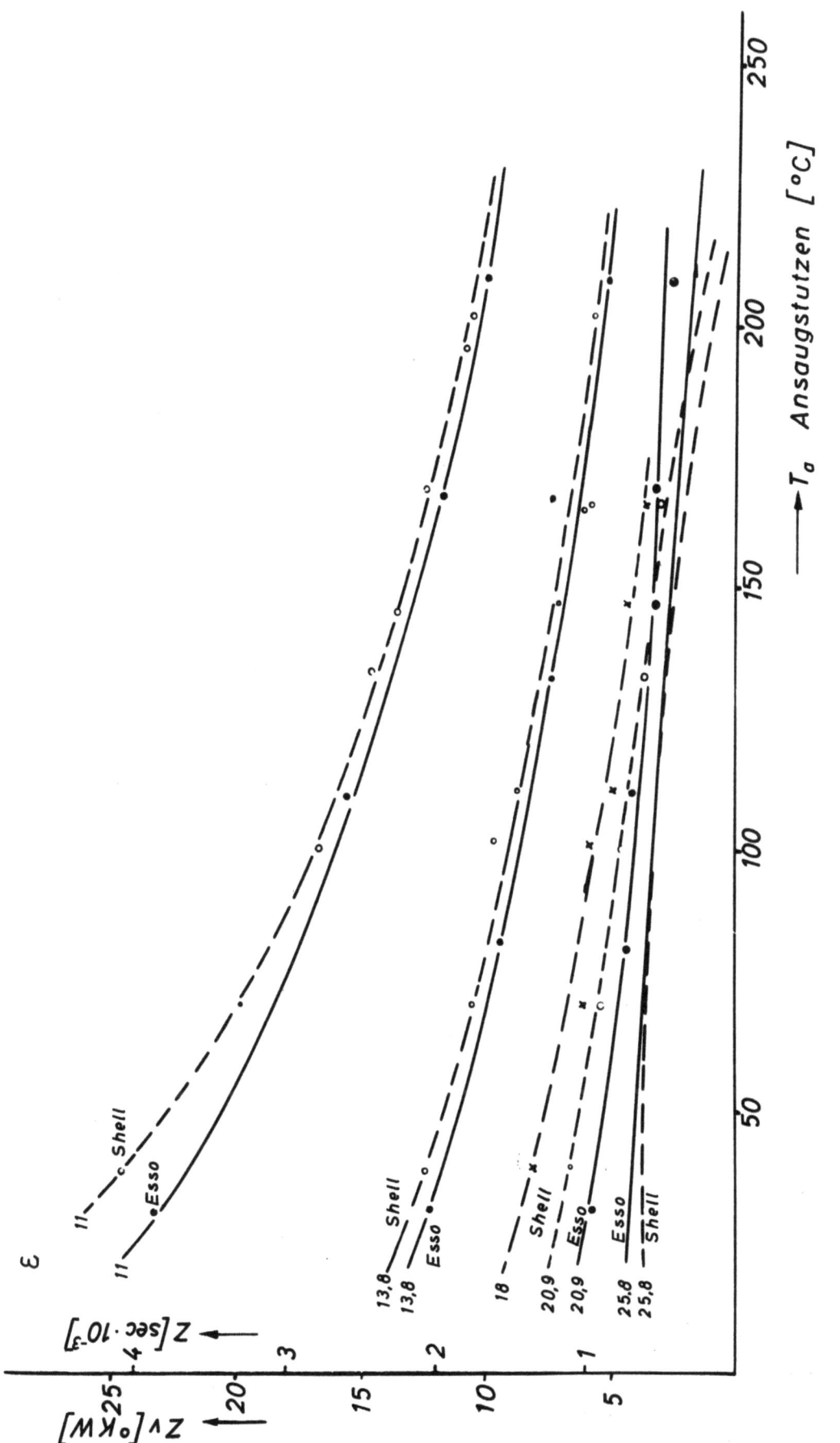

Abbildung 11

Der Zündverzug in Abhängigkeit von der Temperatur
(Bearb. ERBAKAN)

Forschungsberichte des Wirtschafts- und Verkehrsministeriums Nordrhein-Westfalen

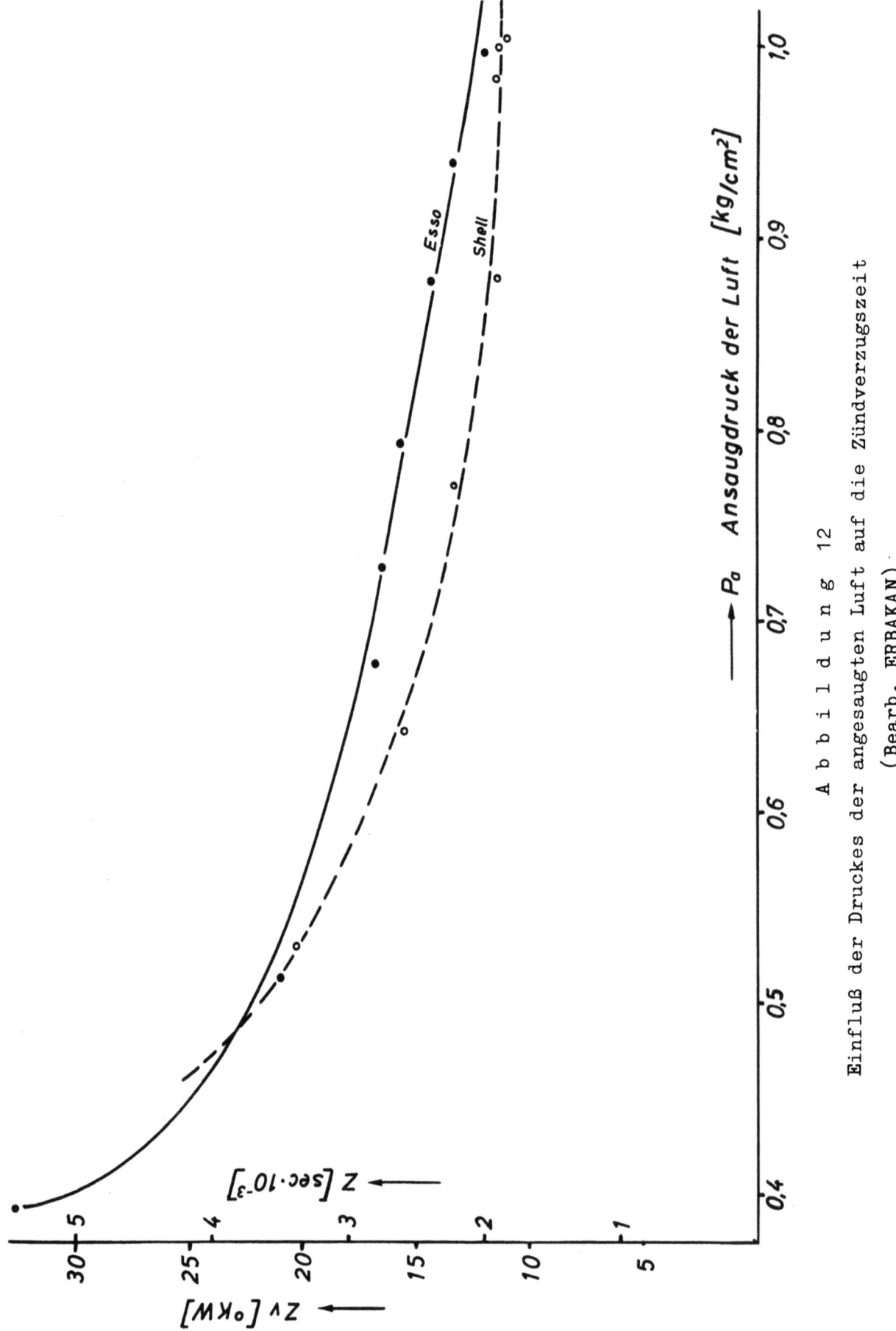

Abbildung 12

Einfluß der Druckes der angesaugten Luft auf die Zündverzugszeit
(Bearb. ERBAKAN)

Forschungsberichte des Wirtschafts- und Verkehrsministeriums Nordrhein-Westfalen

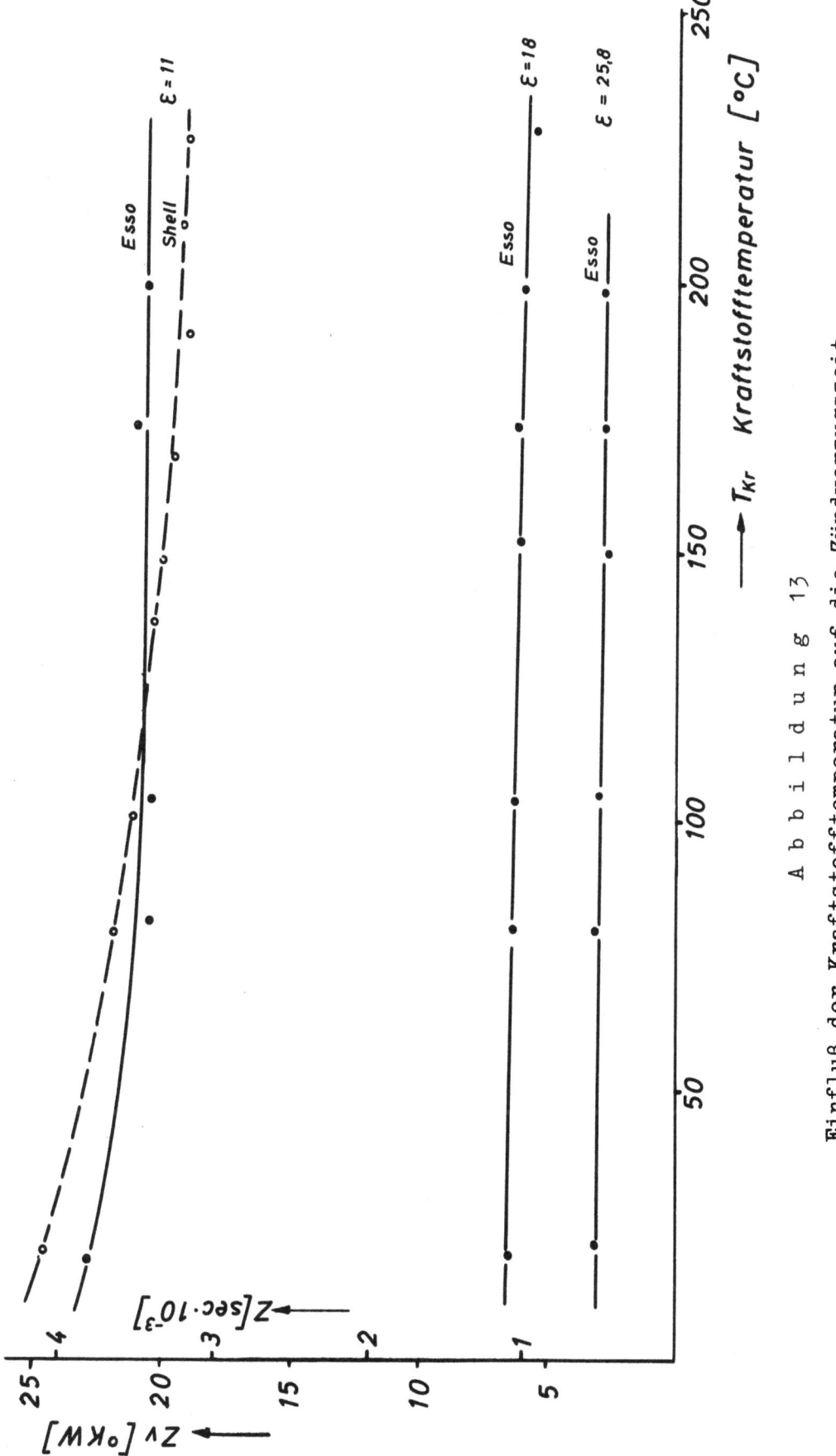

Abbildung 13

Einfluß der Kraftstofftemperatur auf die Zündverzugszeit
(Bearb. ERBAKAN)

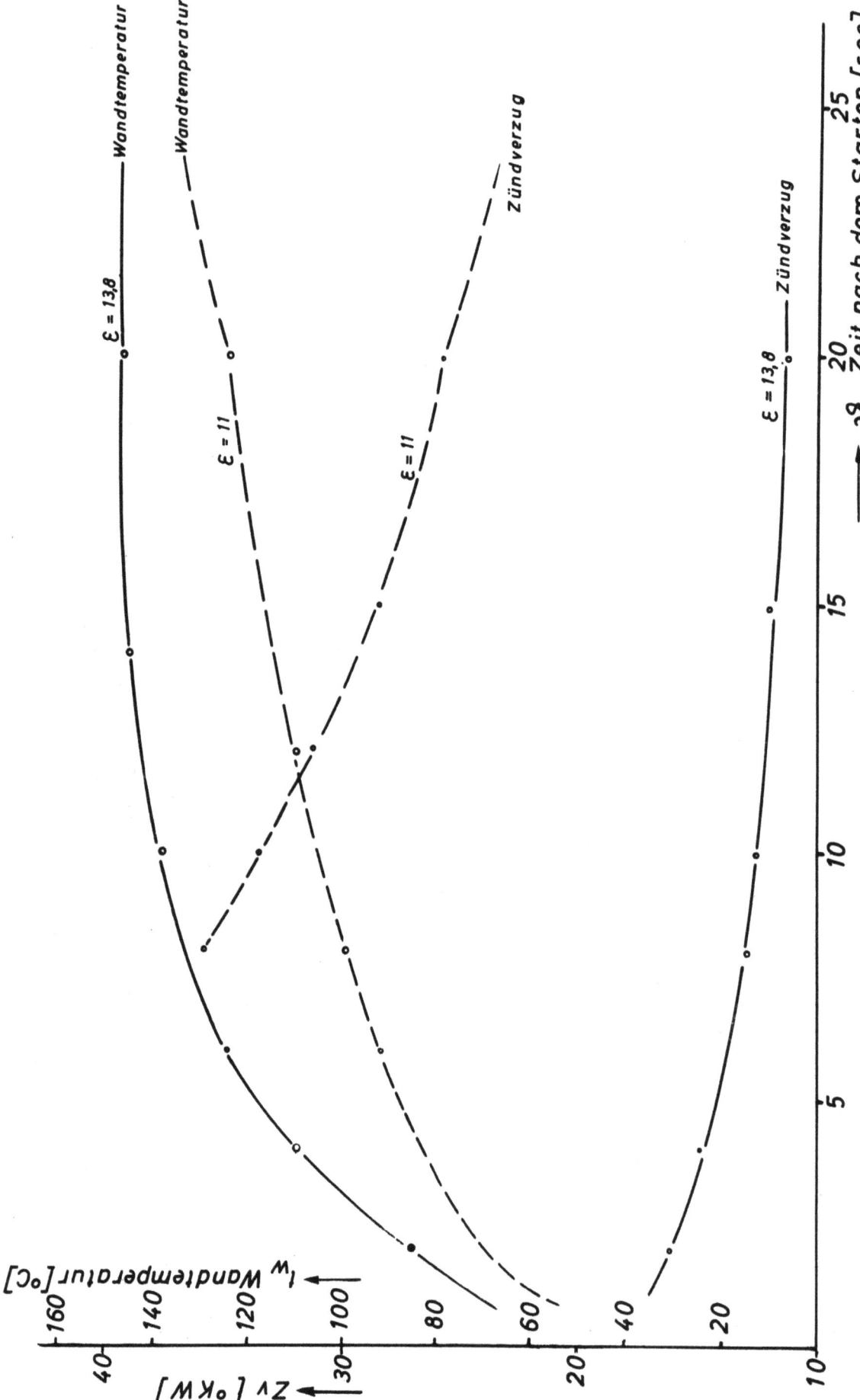

Abbildung 14

Zündverzug und Wandtemperatur in Abhängigkeit von d. Zeit nach dem Starten d. kalten Maschine
(Bearb. ERBAKAN)

Forschungsberichte des Wirtschafts- und Verkehrsministeriums Nordrhein-Westfalen
___

Abbildung 8 zeigt die Abhängigkeit des Zündverzuges eines paraffinischen Kraftstoffes (Dieselöl Shell) und eines aromatischen Kraftstoffes (vorwiegend Benzol) vom Einspritzzeitpunkt.

Abbildung 9 kann zwar nicht den Einzeleinfluß von Druck und Temperatur klären, vermittelt aber die Abhängigkeit des Zündverzuges zweier handelsüblicher Dieselkraftstoffe vom Verdichtungsverhältnis.

Abbildung 10 gibt die Abhängigkeit des Zündverzuges verschiedener für Brennkammern in Betracht kommender Kraftstoffe vom Luftverhältnis wieder.

Abbildung 11 zeigt den Einfluß der Veränderung von der Temperatur der angesaugten Luft.

Abbildung 12 zeigt den Druckeinfluß durch Drosselung der angesaugten Luft.

Die Abbildung 13 zeigt deutlich, daß bei kleineren Drücken die Kraftstofftemperatur Einfluß gewinnt.

Beim Anfahren der Maschine nahm entsprechend Abbildung 14 mit steigender Wandtemperatur der Zündverzug stark ab. Dieser Tatbestand spielt auch für den Brennkammerbetrieb eine gewisse Rolle, da eine ausgeblasene Brennkammer verhältnismäßig schnell auskühlt und dadurch das Wiederzünden erschwert.

Zusammenfassend sind die ermittelten Einflüsse zur Verringerung des Zündverzuges verursacht durch:

a) steigende Lufttemperatur
b) steigenden Druck
c) Veränderung des Mischungsverhältnisses von arm nach reich
d) steigende Kraftstofftemperatur, die aber nur bei kleinen Verdichtungsverhältnissen von nennenswertem Einfluß ist.

Die Ergebnisse vermitteln zwar eine Übersicht, ermöglichen aber nicht eine charakterisierende Zusammenfassung in Kennzahlen. Vielmehr muß es den auf diesem Gebiet eingeleiteten Arbeiten überlassen bleiben, die Entscheidung zu erbringen, ob sich für die paraffinischen Kraftstoffe in ihrer zweifellos komplizierten Reaktionsstruktur eine gleichfalls formelmäßige, summarische Erfassung des Selbstzündungsvorganges finden läßt.

Abbildung 15 zeigt deutlich, wie stark der relative erste Anteil der Zündungsverzugsperiode vom chemischen Aufbau des Kraftstoffes abhängt.

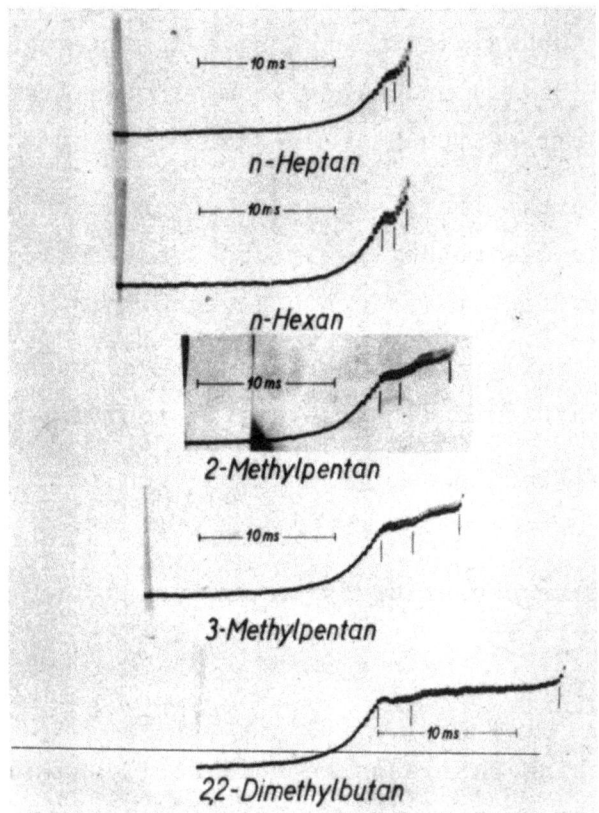

Abbildung 15
Druckverlauf unter gleichen Versuchsbedingungen
verschiedener Paraffine während der Selbstzündungsreaktion
Bearbeiter: Dr. LEVEDAHL

Abbildung 16 zeigt die recht interessante Auftragung der Zündverzugszeiten ganz unterschiedlicher Kohlenwasserstoffe über der Zahl der sekundären Wasserstoffatome.

Abbildung 16 a gibt eine Gegenüberstellung vom allmählichen Druckanstieg beim Benzol bis zum steilen Druckanstieg beim reinen n-Heptan.

Die Versuche ergaben im Einzelnen, daß der gesamte Zündungsvorgang der Paraffine in drei Abschnitte zerfällt, die sich jedoch nicht klar trennen lassen.

1. Stufe: Periode der Peroxydbildung ohne exotherme Erscheinungen
2. Stufe: Kalte Flammen
3. Stufe: Heiße Flammen.

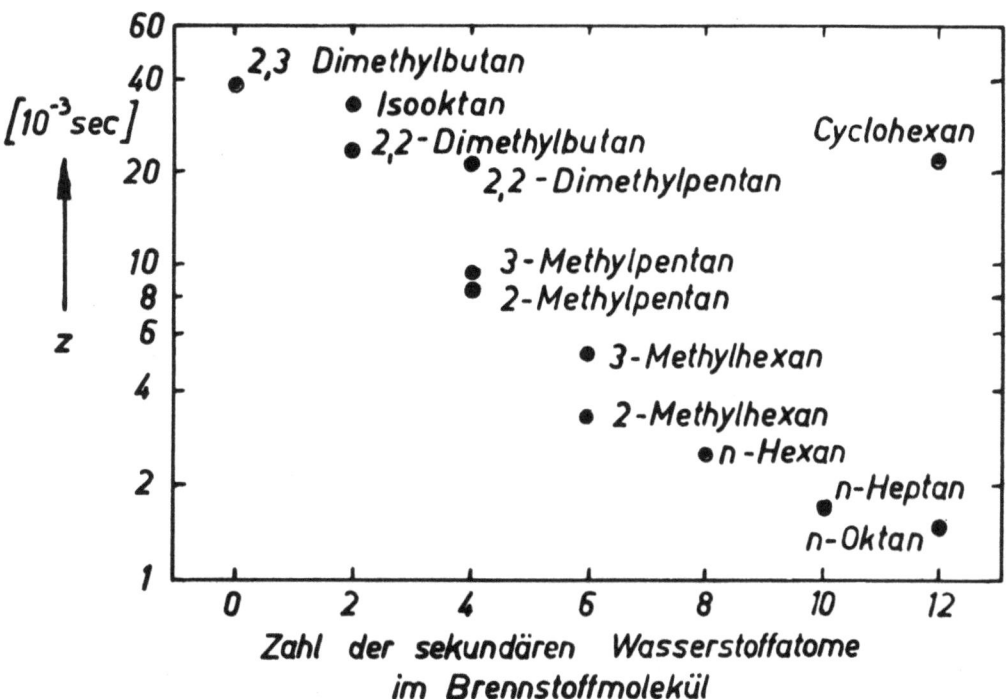

Abbildung 16

Zündverzugsperiode in Abhängigkeit der Zahl der sekundären
Wasserstoffatome im Brennstoffmolekül unter gleichen Versuchsbedingungen

Bearbeiter: Dr. LEVEDAHL

Weiterhin bestärken auch folgende Betrachtungen die Aussicht, daß die stufenweisen Reaktionen der Paraffine ähnlich denen der Aromaten beschrieben und erfaßt werden können:

a) Die Grenzen der drei Reaktionsstufen sind im wesentlichen von der Temperatur abhängig und nicht oder nur sehr wenig vom Mischungsverhältnis.

b) Der Druckanstieg und die Energieumsetzung während der 2. Stufe der Zündungsreaktion ergibt sich im wesentlichen aus einer vollständigen Oxydation eines kleinen Teils des Kraftstoffes; also aus einer Oxydation zu H_2O und Kohlenstoffoxyden (Kalte Flammen).

c) Kurz vor Auftreten der heißen Flamme ist eine bemerkenswerte Anhäufung von Zwischenprodukten nicht festzustellen.

d) Der Beginn des Auftretens der heißen Flamme liegt in allen Fällen in einem engen Temperaturbereich.

Die Arbeiten, die diese Beobachtungen auf allgemeinere Gültigkeit prüfen sollen, sind noch nicht abgeschlossen.

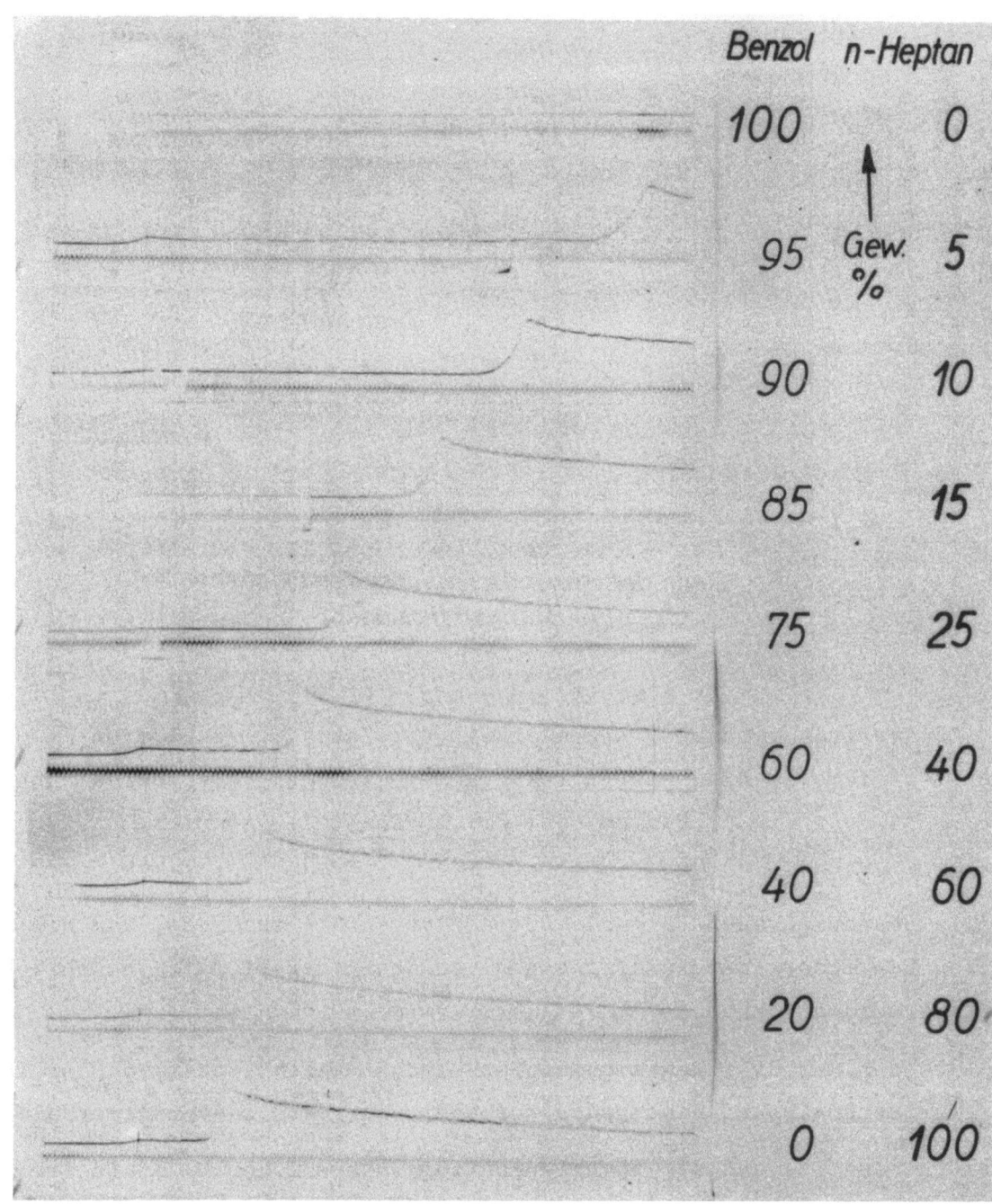

A b b i l d u n g 16 a

Druck-Zeit-Diagramme für verschiedene Kraftstoffzusammensetzungen
Benzol und n-Heptan, $\lambda = 1$, ($p_1 = 1,02$ ata, $T_1 = 400°K$, $\varepsilon = 5,60$)
Bearbeiter: Dr. BECKERS

IV. Gemischbildungsvorgang

(Unter Verwendung der Arbeiten von CASTLEMAN, TRIEBNIGG und ERBAKAN)

Der Gemischbildungsvorgang ist bestimmende Voraussetzung für das Zündverhalten eines Kraftstoffes. Die Erfahrung zeigt, daß sowohl flüssige als auch verdampfte Kraftstoffe durchaus nicht zündwillig zu sein brauchen, wenn nicht günstige Reaktionsmöglichkeiten mit Sauerstoff bestehen.

Für den Mechanismus der Zerstäubung gelten folgende Überlegungen:

Eine Kraft bringt eine zusammenhängende Flüssigkeitsmasse in Bewegung und bewirkt, daß diese Flüssigkeit die zur Zerstäubung benutzte Vorrichtung (Düse) in einer bestimmten räumlichen Verteilung (dünne Haut, Strahl etc.) verläßt. Der weitere Zerfall in einzelne Fäden und Tröpfchen wird nun entweder durch die mittels vorgenannter Kraft herbeigeführten inneren Störungen des Energiegleichgewichtes oder durch neu von außen einwirkende Kräfte (Reibungswiderstand) bewerkstelligt.

Die ersten auf diesem Gebiet durchgeführten Arbeiten von RAYLEIGH (1878), HAEHLEIN (1931), WEBER (1931), v. OHNESORGE (1936) und CASTLEMAN (1931) haben den Nachteil, daß sie wegen ihres vorwiegend mathematischen Charakters auf stark vereinfachte Modellvorstellungen zurückgehen und so die komplexen Vorgänge des Zerfalls nicht in der für technische Anwendungen in der Ingenieurpraxis brauchbaren Weise als Ergebnisse enthalten.

Sie geben jedoch eine gute Vorstellung vom Mechanismus der Zerstäubung und erlauben mittels Ähnlichkeitsbetrachtungen gewisse Rückschlüsse für die Anwendungen in der Praxis.

Wesentliche Einblicke in den Zerstäubungsmechanismus wurden durch Untersuchungen an rotierenden Schalen gewonnen. Es sei hier bemerkt, daß in kinematischer Umkehrung die Dralldüsen diese Erfahrungen verwerten.

In Abhängigkeit der aufgeführten Veränderungen

a) Vergrößerung der Durchflußmengen
b) Erhöhung der Drehzahl
c) Verkleinerung des Schalendurchmessers
d) Vergrößerung der Dichte der Flüssigkeit
e) Verkleinerung der Oberflächenspannung
f) Vergrößerung der Zähigkeit der Flüssigkeit

konnten stets in der gleichen Reihenfolge drei Entwicklungsstadien der Zerstäubungsformen beobachtet werden.

1) Loslösung einzelner Tropfen vom Schalenrand.
2) Bildung von Fasern, die in einem gewissen Abstand in Tropfen zerfallen.

3) Bildung eines Flüssigkeitsfilms, der sich in Fasern auflöst, die wie nach 2) zerfallen.

Die Zerstäubung von Flüssigkeiten kann demnach entsprechend der vorherrschenden Meinung in folgender Art beschrieben werden:

1. Unter dem Einfluß von statisch wirkenden Kräften (Zentrifugal- und Trägheitskräfte) bildet sich ein dünner Flüssigkeitsfilm.

2. Der Film zerreißt in einzelne Flüssigkeitsfäden. Der Zerfall wird durch innere Turbulenz gefördert, scheint aber in erster Linie durch von äußeren Kräften (Luftkräfte) aktivierte Schwingungsvorgänge begründet zu sein. Dieser Vorgang ist bisher noch wenig untersucht worden.

3. Die Fäden zerfallen infolge ihrer Instabilität in einzelne Tropfen. Der Durchmesser des Flüssigkeitsfadens steht in engem Zusammenhang mit der Größe der entstehenden Tropfen.

4. Bei genügend großer Relativgeschwindigkeit der entstandenen Tropfen gegenüber der Umgebungsluft kann ein Weiterzerfall eintreten. Besonders auch durch Einwirken einer plötzlichen hinzutretenden Luftströmung (Sekundärluft).

Ansätze der Energieverteilung bei der Zerstäubung haben wichtige Aufschlüsse auf diesem Gebiet geliefert (TRIEBNIGG). Die Energie wird danach wie folgt verbraucht:

1. zur Bildung neuer Oberflächen,
2. zur Beschleunigung der Flüssigkeit,
3. zur Überwindung der Reibung,
4. zur Verwirbelung im Brennraum.

Ein höherer Druck bewirkt also eine feinere Zerstäubung.

Das Verhältnis $\frac{\text{Brennstoffgewicht}}{\text{Luftgewicht}}$ wird erst bei großen Werten von Einfluß auf die Zerstäubungsgüte.

Durch theoretische Untersuchungen läßt sich das Verhalten von Kraftstofftropfen rechnerisch ermitteln. Ein in ruhende heiße Luft eingespritzter Kraftstofftropfen verfolgt im Brennraum eine Bahn, die sich im wesentlichen in zwei charakteristische Abschnitte gliedert. Etwa 80 % der Bahnlänge (Eindringtiefe) verändert der Tropfen seinen Durchmesser kaum, verringert aber entscheidend seine Geschwindigkeit und wird stark erwärmt.

Im zweiten Abschnitt ist seine Geschwindigkeit klein und die Temperaturänderung gering. Sein Durchmesser wird durch schnelle Verdampfung rasch verkleinert.

Die Eigenart des Kraftstoffes auf diesen Verdampfungsvorgang ist von großem Einfluß. Handelsüblicher Dieselkraftstoff hat einen kritischen Temperaturbereich (keine weitere Erwärmung, sondern schnellere Verdampfung) etwa zwischen 350 und 420°C.

Bei der rechnerischen Behandlung ist der Verlauf aller Größen z.B. Temperatur etc. wesentlich durch die Anfangswerte: Tropfendurchmesser, Anfangsgeschwindigkeit, Kraftstoffart und Umgebungszustand im Brennraum beeinflußt.

Die Beziehungen zwischen Eindringtiefe und Geschwindigkeitsverlauf lassen sich für gegebene Anfangsgeschwindigkeit und Tropfenradien rechnerisch ermitteln und lassen eine Abschätzung der Zeit bis zur völligen Verdampfung des Tropfens zu. Weiterhin entwickelt sich um den sich bewegenden Tropfen eine Grenzschicht. Man kann Strömungs-, Temperatur- und Konzentrationsgrenzschicht unterscheiden. Die Stärke (Dicke) der Grenzschicht ändert sich vom Staupunkt bis zum Ablösepunkt nur sehr wenig. Bei den für Brennkammern in Frage kommenden Kraftstoffen ist die Konzentrationsgrenzschicht in der Regel dünner als die Strömungsgrenzschicht, die bis zu einem Winkel von 83° gemessen vom Staupunkt aus laminar und dann turbulent verläuft.

Die Grenzschicht bewegt sich relativ zum Tropfen zum Nachlauf hin. Das Mischungsverhältnis $\lambda = 1$ entsteht zuerst direkt am Tropfen und verschiebt sich dann in die Grenzschicht hinein. Am Tropfen bildet sich jetzt ein fetteres Gemisch. Die Flächen λ = const. bewegen sich also von der Flüssigkeitsoberfläche weg.

Es kann daher angenommen werden, daß die für die Zündung günstigen Verhältnisse (Luftverhältnis und Temperatur) nur in gewissen Bereichen und auch nur für begrenzte Zeit vorhanden sind. Der Einfluß der Tropfengröße auf die Zündaussichten läßt sich durch diese Betrachtungsweise gut mit den beobachteten Erfahrungen in Einklang bringen.

Danach erscheint es zweckmäßig, die Zerstäubung nicht zu fein zu wählen, damit der Ablauf der Zündungsreaktion im laminaren Bereich der Grenzschicht erfolgen kann, bevor der Tropfen vollständig verdampft ist. Die im Nachlauf und nach vollständiger Verdampfung auftretenden zündgünstigen

Gemischbereiche dürften den Einflüssen, der sich zeitlich ungleichmäßig ändernden Zustände im Brennraum stärker unterliegen als die in der Grenzschicht des Tropfens vorhandenen Bereiche, d.h. im Mittel werden die Voraussetzungen für das Eintreten der Zündung in der Grenzschicht eines relativ größeren Tropfens günstiger sein als im Nachlauf eines bereits vollständig verdampften Tropfens.

V. Die gegenseitige Einwirkung von Gemischbildung und Einspritzung von flüssigem Kraftstoff, Strömung und Verbrennung
(Unter Benutzung der Arbeiten von CASTLEMAN, JOYCE, SCURLOCK, LONGWELL, LEWIS-v. ELBE)

Dem Zweck der Brennkammer entsprechend wird die Forderung nach einer stabil brennenden Flamme gestellt.

Es sind demgemäß in der Kammer die Bedingungen herzustellen, wie sie im Abschnitt, der die Selbstzündung behandelte, berichtet wurden; bei bestimmtem Druck und bestimmter Temperatur vor der Flammenfront muß eine bestimmte Zeit zur Verfügung stehen, um das unverbrannte Gemisch zur Zündung kommen zu lassen. Soll sich also die Flammenfront dauernd an derselben Stelle halten, darf die Geschwindigkeit des anströmenden Gemisches einen bestimmten Wert nicht überschreiten.

In den meisten der auszuführenden Brennkammern liegen jedoch die erforderlichen Durchströmegeschwindigkeiten wesentlich über den Verbrennungsgeschwindigkeiten relativ zur strömenden Gasmasse. Ohne geeignete Hilfsvorrichtungen, sogenannten Flammenhaltern oder Stabilisatoren, würde dann die Flamme abreißen. Hinter diesen im Strom liegenden Geräten bildet sich ein Wirbel, in dem durch herabgesetzte Geschwindigkeit für den Gemischbildungs-, Verdampfungs- und Selbstzündungsvorgang die zur Zündung nötige Verweilzeit erreicht wird.

Das Ziel der Arbeiten, die diesen Abschnitt betreffen, ist es mithin, Stabilitätskriterien zu schaffen, die Aussagen erlauben über die Möglichkeiten, Flammen unter bestimmten Bedingungen stabil zu halten, bzw. den Abreißpunkt zu bestimmen.

Die in den einschlägigen Arbeiten häufig benutzten Begriffe "normale Verbrennungsgeschwindigkeit" und die "Flammenausbreitungsgeschwindigkeit" sind etwa folgendermaßen definiert:

Unter der "normalen Verbrennungsgeschwindigkeit" wird die Geschwindigkeit verstanden, mit der sich die Grenzfläche zwischen Verbranntem und Unverbranntem bewegt, bezogen auf das in Ruhe befindliche unverbrannte Gas. Die normale Verbrennungsgeschwindigkeit ist abhängig von Strömungsart und Mischungsverhältnis und hat, wie die Untersuchung zeigt, ihr Maximum bei geringem Luftmangel.

Die "Flammenausbreitungsgeschwindigkeit" oder "Flammenfortschreitungsgeschwindigkeit" ist die Geschwindigkeit der Flamme relativ zum Gefäß, in dem sie sich fortbewegt und ergibt sich als Summe der normalen Verbrennungsgeschwindigkeit und der Geschwindigkeit, mit der sich die Grenzfläche zwischen Verbranntem und Unverbranntem infolge der expandierenden verbrannten Gase in Richtung auf das Unverbrannte zubewegt.

Von Wichtigkeit ist ferner die Kenntnis der Einflüsse auf die Stabilität der Flamme.

1. Das Entstehen der Flamme nach Neu- oder Wiederzündung im Wirbel verkleinert die Reynoldszahl der Strömung. Danach ist also eine Erhöhung der Geschwindigkeit wieder möglich.
2. Steigende Grundtemperaturen erweitern den stabilen Bereich, da dem anströmenden Unverbrannten weniger Energie bis zur Zündung zugeführt werden muß.
3. Eine Beheizung des Flammenhalters führt z.B. zu steigenden Grundtemperaturen. Allerdings muß eine Bedingung erfüllt sein; die Anströmgeschwindigkeit darf nicht zu klein werden, da sonst der Wärmeübergang zu schlecht wird.
4. Die geometrischen Formen der Flammenhalter und ihre Abmessungen beeinflussen die Stabilität. Hinten abgerundete Stabilisatoren haben geringe Wirkung, stromlinienförmige überhaupt keine.
5. Die Steigerung des Druckes bewirkt durch die Verkürzung der Zündverzugszeit eine Erweiterung des stabilen Bereiches.
6. Intermittierende Einspritzung zeigt ähnlichen Einfluß.
7. Die Kraftstoffeigenarten sind mitbestimmend. So vergrößern die Kraftstoffe, die geringe Zündenergie benötigen und die eine hohe normale Verbrennungsgeschwindigkeit besitzen, ebenfalls den stabilen Bereich.
8. Steigende Grundturbulenz - der davon herrührende Einfluß ist noch wenig untersucht - verkleinert den stabilen Bereich.

9. Ebenso nachteilig sind Schwingungen in der Brennkammer. Sie entstammen zumeist der Flammenturbulenz und der Beschleunigung der Abgase. Durch Veränderung der Brennkammerlänge kann diesem Einfluß begegnet werden.

Diese ineinander verschachtelten Vorgänge, speziell die für den Brennkammerbetrieb wichtigsten Einflüsse von Luftgeschwindigkeit und Mischungsverhältnis, lassen sich an Hand der Betrachtung eines allgemeinen Energieansatzes erläutern. Zugrunde gelegt wurde hier, wie auch bei den folgenden Ansätzen für die Stabilitätskriterien, eine übliche Anordnung von Stabilisatoren und Einspritzdüse (Abb. 17).

Für die Wirbelzone kann man folgenden Energieansatz machen:

$$\Delta G_L \cdot c_{P_L} \int_0^{T_1} + \frac{\Delta G_L}{\lambda \cdot L_{min}} (H_u + u_1'' - u_1') \eta_V + B \cdot i_{B_1} + A_{str.} + Q_{Leit.1}$$

$$= (\Delta G_L + \Delta B) \cdot c_{P_{Abg.}} \int_0^{T_2} \cdot T_2 + (B - \Delta B) \cdot i_{B_2} + E_{str.} + Q_{Leit.2} \qquad (11)$$

Es bedeuten im Einzelnen:

ΔG_L durch Turbulenzaustausch in Wirbelzone eingeflossene Luft

T_1 Temperatur der einfließenden Luft

T_2 Temperatur der abfließenden Abgase

$L_{min.}$ Luftmenge, die zur Verbrennung bei stöchiometrischen Verhältnissen gebraucht wird

λ mittleres Mischungsverhältnis in der Wirbelzone

η_V Verbrennungswirkungsgrad

i Enthalpie

u innere Energie

B Brennstoffmenge

H_u unterer Heizwert des Brennstoffes

$A_{str.}$ von der Wirbelzone aus der Flammenfront absorbierte Strahlungsenergie

$Q_{Leit._1}$ durch Wärmeleitung eingeflossene Energie

$E_{str.}$ von der Wirbelzone durch Strahlung emittierte Energie

$Q_{Leit._2}$ durch Wärmeleitung abgeflossene Energie.

Um zu einer Aussage über die Wirkung einer Erhöhung der Luftgeschwindigkeit zu kommen, wurde vom Beharrungszustand in der Wirbelzone ausgegangen. Die Luftgeschwindigkeit werde nun erhöht, dadurch vergrößert sich der Massen-

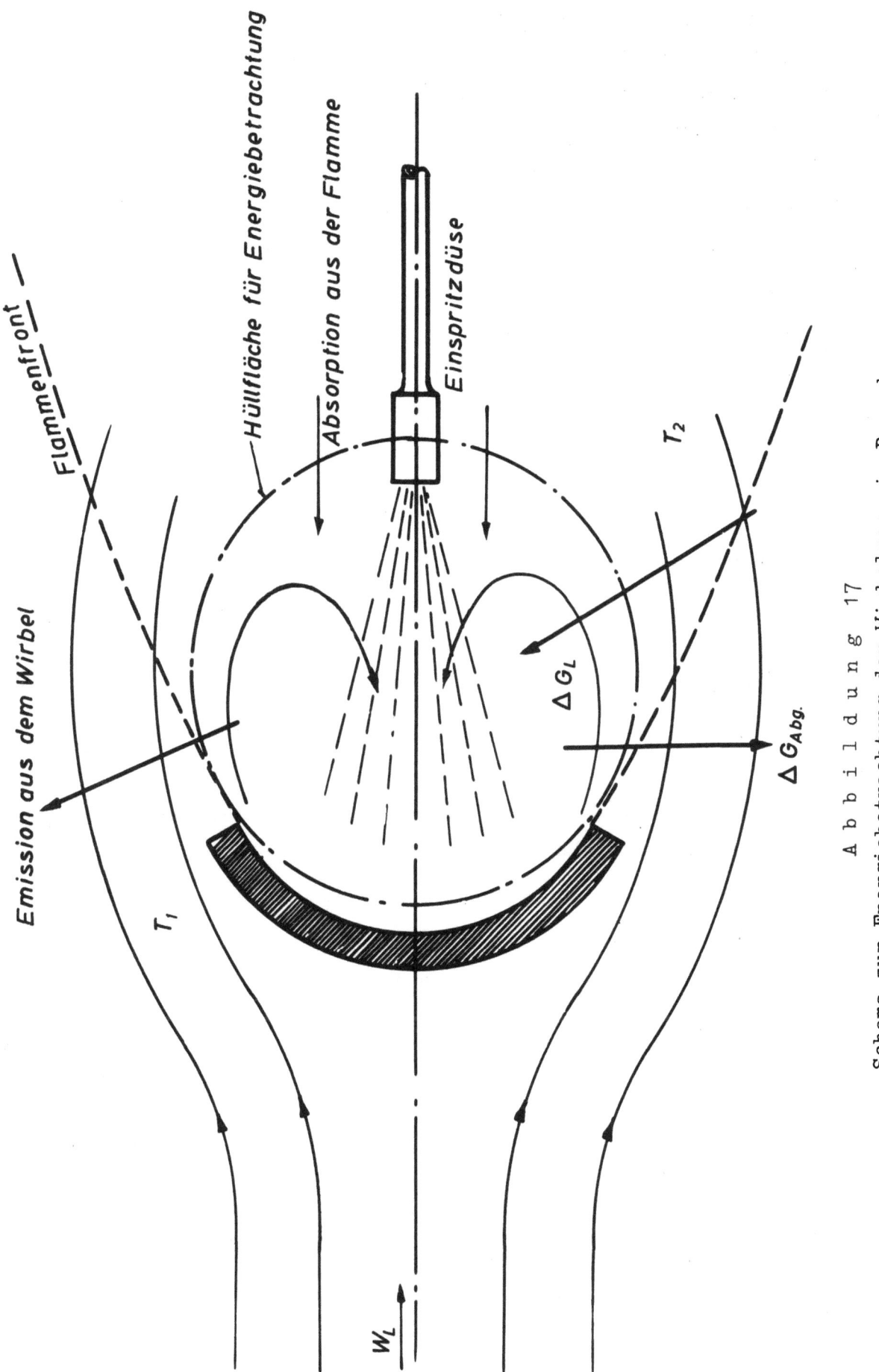

Abbildung 17
Schema zur Energiebetrachtung der Wirbelzone in Brennkammern

austausch im Wirbel. Es ergeben sich kleinere Verweilzeiten. Das bedeutet aber bei gleicher Reaktionsgeschwindigkeit, daß weniger Wärme frei wird. Damit sinkt die Temperatur im Wirbel. Mithin verringern sich Reaktions- und Verdampfungsgeschwindigkeit, die Zündfähigkeit sinkt. Die Geschwindigkeitserhöhung bringt eine Verlangsamung der Reaktionen im Wirbel mit sich, weil die Energiebilanz ungünstiger wird.

Der Einfluß des Luftverhältnisses wurde an der Änderung der Reaktionsbedingungen bei fettem und bei armem Gemisch betrachtet.

Wie oben beschrieben, hängt die Reaktionsgeschwindigkeit und die Zündwilligkeit von dem örtlichen Luftverhältnis ab.

Im Luftmangelgebiet (überfett) ergibt sich eine langsame Reaktion, wenn man stöchiometrische Verhältnisse zum Vergleich heranzieht. Zur Verdampfung der größeren Kraftstoffmenge ist entsprechend mehr Wärme erforderlich. Dadurch stellt sich eine tiefere Temperatur im Wirbel ein, der eine langsamere Reaktionsgeschwindigkeit entspricht.

Außerdem wird eine größere Brennstoffmenge aus dem Wirbel heraustransportiert, die Temperatur in der Flammenfront wird gesenkt. Die Rückwirkung auf die Temperatur der Wirbelzone durch Strahlung und Leitung wird geringer.

Es ergibt sich ein steiler Abfall der Abreißgrenze im Luftmangelgebiet.

Bei Luftüberschuß beginnt in steigendem Maße die zur Erwärmung der überschüssigen Luft benötigte Wärmemenge die Reaktion zu beeinflussen. Die Wirbelzone wird ebenfalls gekühlt.

Es ergibt sich weiterhin ein Abfallen der Abreißgrenzen, wenn auch nicht so steil wie im Luftmangelgebiet.

Bislang sind die Gründe, die zum Abreißen der Flamme führen, beschrieben worden. Es gilt nun, ausreichende Kriterien für diesen Tatbestand zu formulieren.

Der Ansatz von Scurlock versucht, das Abreißen der Flamme als Folge des abnehmenden Wärmeinhaltes im Zündwirbel zu erklären. Berücksichtigt man folgende Bezeichnungen:

V_0 Anströmgeschwindigkeit
δ_t Dicke der Vorreaktionszone
T_z Temperatur, bei der die Verbrennung sichtbar wird
(Beginn der sichtbaren Reaktion)

T_0 Temperatur der unverbrannten Strömung
T_b Temperatur der verbrannten Gase
V_t normale Verbrennungsgeschwindigkeit
λ Wärmeleitfähigkeit
α_{str} Wärmeübergangszahl der Strömung
F Oberfläche der Wirbelzone
α charakteristische Abmessung des Störkörpers

und geht man von dem Ansatz aus, daß im Beharrungszustand die Wärmemenge, die pro Einheit der Wirbeloberfläche übertragen wird, gleich der Wärmemenge sei, die nötig ist, um ein Element der unverbrannten Strömung zur Entzündung zu bringen, d.h. auf T_z aufheizen,

$$Q_{Oberfl.} = Q_{Zünd.} \qquad (12)$$

so gilt die folgende Ableitung.

Die Wärmemenge, die pro Zeiteinheit und cm Dicke der Vorreaktionszone zum Zünden notwendig ist, läßt sich folgendermaßen angeben:

$$Q_{Zünd.} \sim \gamma \cdot V_0 \cdot \delta_t \cdot C_p (T_z - T_0) \qquad (13)$$

Darin kann $\delta_t = \dfrac{\lambda}{\gamma \cdot C_p} \cdot \dfrac{1}{V_t}$ gesetzt werden,

und $Q_{Zünd}$ wird dann

$$Q_{Zünd} \sim \lambda \cdot \frac{V_0}{V_t} (T_z - T_0) \qquad (13a)$$

Die Wärmemenge, die in der Zeiteinheit von der Oberflächeneinheit des Wirbels übertragen wird, ergibt sich zu

$$Q_{Oberfl.} \sim \alpha_{str.} \cdot F \cdot (T_b - T_s) \qquad (14)$$

Da aber die Oberfläche F des Wirbels proportional der charakteristischen Abmessung d des Störkörpers gesetzt werden kann

$$F \sim d$$

gilt auch

$$Q_{Oberfl.} \sim \alpha_{str.} \cdot d \cdot (T_b - T_z)$$

Mit

$$N_u = \frac{\alpha_{str.} \cdot d}{\lambda} = f(R_e) = (R_e)^c$$

erhält man für

$$\alpha_{str.} = \frac{\lambda (R_e)^c}{d} = \frac{\lambda}{d} \left(\frac{v_0 \cdot d}{\nu}\right)^c$$

Eingesetzt folgt

$$Q_{Oberfl.} \sim \lambda \left(\frac{v_0 \cdot d}{\nu}\right)^c \cdot (T_b - T_z) \tag{14a}$$

Der ursprüngliche Ansatz

$$Q_{Oberfl.} = Q_{Zünd.}$$

läßt sich dann schreiben

$$\lambda \left(\frac{v_0 \cdot d}{\nu}\right)^c (T_b - T_z) = k \cdot \frac{v_0}{v_t} \cdot \lambda (T_z - T_0) \tag{15}$$

k ist ein Proportionsfaktor.

Nach $\frac{v_0}{d^a}$ mit $a = \frac{c}{1+c}$ aufgelöst, ergibt sich

$$\frac{v_0}{d^a} \sim \frac{1}{\nu^a} \left[\frac{v_z (T_b - T_z)}{(T_z - T_0)}\right] \tag{15a}$$

oder allgemeiner, da auf der rechten Seite nur Größen stehen, die vom Mischungsverhältnis abhängig sind,

$$\frac{v_{0krit}}{d^a} = f \left(\frac{G_L}{B}\right) \tag{15b}$$

Dieses Kriterium konnte von SCURLOCK durch Versuche bestätigt werden. Für querangeströmte Zylinder ergab sich z.B. a = 0,45.

In der Anwendung muß für jede Stabilisatorform der Verlauf der Kurve experimentell ermittelt werden. Aus der so gewonnenen Kurve läßt sich dann für jede Abmessung des Stabilisators die entsprechende Abreißgeschwindigkeit v_{0krit} ermitteln. Die Abbildung 18 zeigt deutlich die Brauchbarkeit dieses Kriteriums.

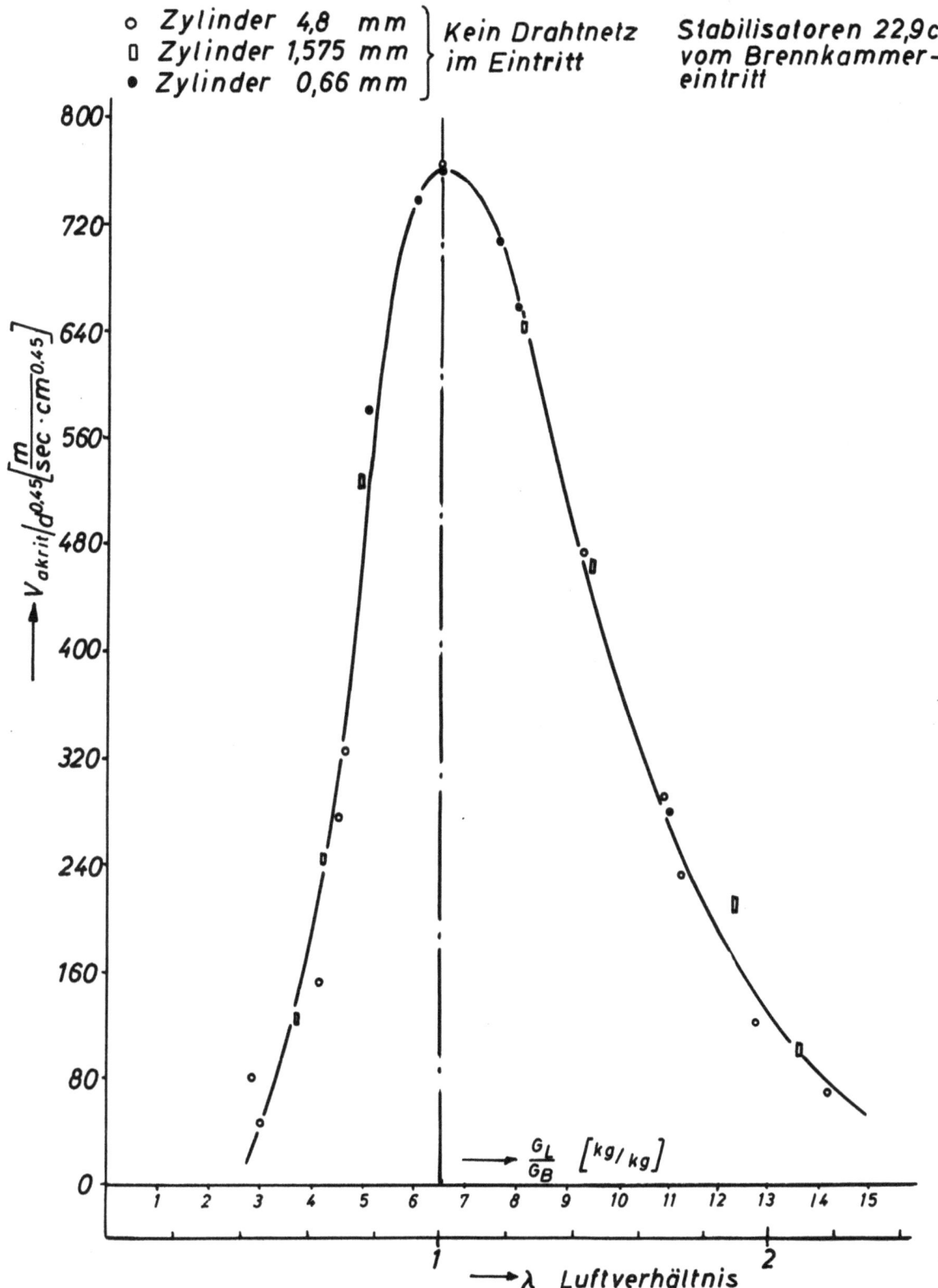

Abbildung 18
Beziehung zwischen den Daten zylindrischer
Stabilisatoren und den Abreißgrenzen
(nach J. G. SCURLOCK)

Es sei noch erwähnt, daß die bei der Verbrennung von Stadtgas erhaltenen Ergebnisse bemerkenswert gut mit den Ergebnissen ausgeführter Brennkammern übereinstimmen.

Bei anderen, ähnlichen Analysen der Stabilitätsprobleme wurde außerdem der Druck- und Temperatureinfluß berücksichtigt. Es sei hier nur die anschließende Form des Kriteriums gebracht.

$$\frac{v_{0krit}}{d^a} = f\left(\frac{G_L}{B}\right) \tag{16}$$

LONGWELL benutzte die vom Mischungsverhältnis abhängige Anlaufzeit Z_R zur Ableitung des Stabilitätskriteriums.

Er machte den Ansatz, daß die Anlaufzeit Z_R der Reaktion proportional dem Volumen der Vorreaktionszone und umgekehrt proportional dem Gasstrom sei, der die Flammenfront passiert.

$$Z_R \sim \frac{Volumen}{Gasstrom} \sim \frac{Volumen}{Oberfläche} \cdot \frac{1}{v_0} \sim \frac{V}{O \cdot v_0}$$

Unter Einschränkung auf Stabilisatoren mit kreisförmigem Querschnitt, für die $V \sim R^2$

$$O \sim R$$

gilt, erhält man für

$$Z_R \sim \frac{R^2}{R \cdot v_0} = \frac{R}{v_0}$$

Wie oben bereits erwähnt, ist die Anlaufzeit Z_R andererseits vom Mischungsverhältnis $\frac{G_L}{B}$ abhängig.

Mithin folgt

$$\frac{R}{v_0} \sim f\left(\frac{G_L}{B}\right) \tag{17}$$

Dieses Kriterium von LONGWELL ist nichts anderes als das reziproke des SCURLOCK-Kriteriums (Gl. 15b).

Die gute Übereinstimmung der so gefundenen Gesetzmäßigkeiten mit experimentellen Ergebnissen darf nicht über die Tatsache hinwegtäuschen, daß die bisherigen Kriterien die Vorgänge nur annähernd erfassen, da sie auf der reinen Wärmetheorie basieren. Wollte man Wärmestrahlung, konvektiven Wärmeübergang, Zufuhr von Unverbranntem in den Wirbel, Diffusion aktivierter Teilchen etc. berücksichtigen, so müßte der allgemeine Energieansatz zugrunde gelegt werden. Trotzdem bleibt die bereits festgestellte Brauchbarkeit auch der unter gewissen Vernachlässigungen gefundenen Kriterien bestehen.

Die bei allen Versuchen bestätigten Erkenntnisse, daß die Abreißgrenzen im Luftmangelgebiet sehr steil verlaufen, während sich im Luftüberschußgebiet eine zunehmende Abschwächung der Steigung erweist, sollen neben den bereits vorliegenden Erklärungen durch die nachfolgende Diskussion der Form der Stabilitätsgrenzen nach LEWIS und v. ELBE abschließend erläutert werden.

Es wird die gleiche Anordnung von Stabilisator und Einspritzdüse (siehe Abb. 19) als Diskussionsgrundlage gewählt. Die Einspritzung gegen den Strom hinter dem Wirbelschirm ermöglicht die Verbrennung selbst bei hohen Geschwindigkeiten.

Die Bedingung für die Ausbildung eines stationären Wirbels ist folgende:

Der Wirbel muß stromab genau so viel an Masse verlieren, wie er durch die verzögerte Grenzschicht von außen aufnimmt. Innerhalb des Wirbels bilden sich dann drei Zonen höheren Druckes aus, die zündgünstigere Verhältnisse bedeuten und in Abbildung 19 unter a, b und c markiert sind.

"a" ist aus dem Strömungsverlauf ersichtlich,
"b" ist eine staupunktähnliche Zone und
"c" ist ein Ort höheren Druckes, da hier die Geschwindigkeit des Wirbels und der Strömungsgrenzschicht niedriger ist als die der äußeren Strömung. Weiter stromab erhöht sich die Geschwindigkeit wieder durch Impulsaustausch, (Abb. 20).

Das Mischungsverhältnis im Wirbel wurde in seinem Wechsel von fett nach mager betrachtet.

Bei Annahme überreichen Gemisches im Wirbel ist eine Stabilisierung der Flamme nur bei kleinen Geschwindigkeiten möglich, da in diesem Bereich Verbrennungs- und Flammengeschwindigkeit klein sind. Stromab von c wird durch Impulsaustausch eine Gemischverarmung erreicht, die das Gemisch die

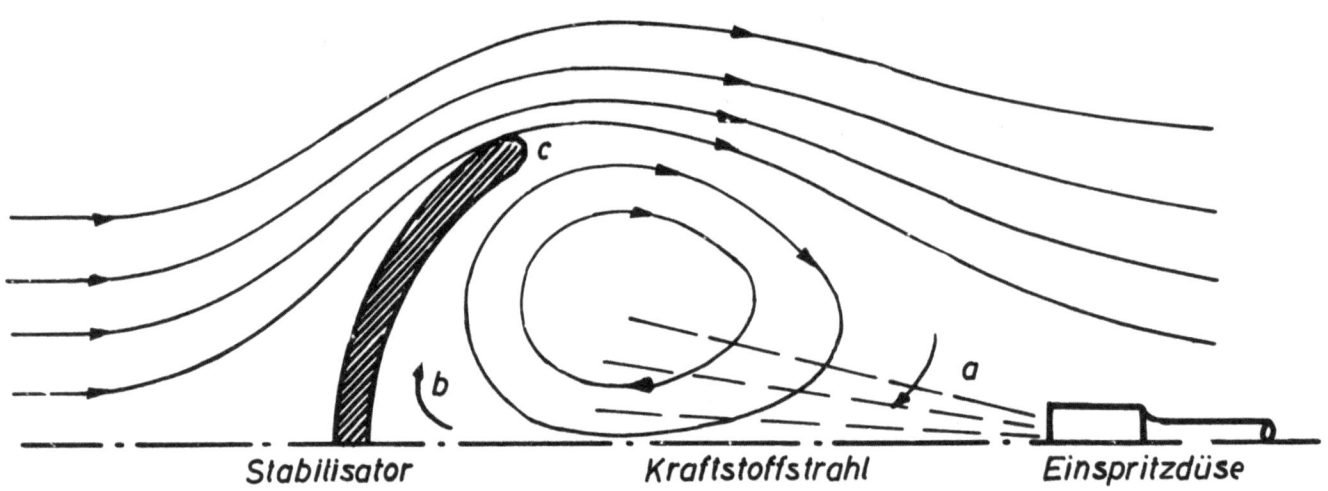

Abbbildung 19

Vereinfachte Darstellung des Brennsystems nach LEWIS und v. ELBE

Zündfähigkeit erreichen läßt. Wird die Geschwindigkeit erhöht, dann muß der Zündpunkt näher nach c, wegen der dort herrschenden kleineren Geschwindigkeit, rücken. Da aber bei den neuen Verhältnissen weniger Zeit für den Impuls und Massenaustausch, der für die Gemischverarmung im Wirbel bis zur Zündfähigkeit nötig ist, zur Verfügung steht, kann die Stabilität der Flamme nur erreicht werden, wenn das Gemisch durch Verringerung der Einspritzmenge verarmt wird. Dieser Sachverhalt beschreibt der Kurvenast 1-2 in Abbildung 20.

Weitere Verarmung führt schließlich zur Erreichung der reichen Zündgrenze im Wirbel, der jetzt bereits brennbares Gemisch enthält; die Flamme wandert in den Wirbel hinein auf b zu. Man kann annehmen, daß die Zufuhr von Sauerstoff in den Wirbel der Anströmgeschwindigkeit proportional ist; dann muß aber auch, wenn die Gemischkonzentration konstant bleiben soll, die Kraftstoffzufuhr proportional mit der Anströmgeschwindigkeit erhöht werden. Damit wird das Verhältnis $\frac{G_L}{B}$ unabhängig von der Geschwindigkeit, und die Flamme bleibt solange stabil, wie die örtliche Geschwindigkeit im Wirbel kleiner als die Verbrennungsgeschwindigkeit an der reichen Zündgrenze ist. Aus diesem Grunde ist der Kurvenast 2-3 in Abbildung 20 annähernd eine Senkrechte.

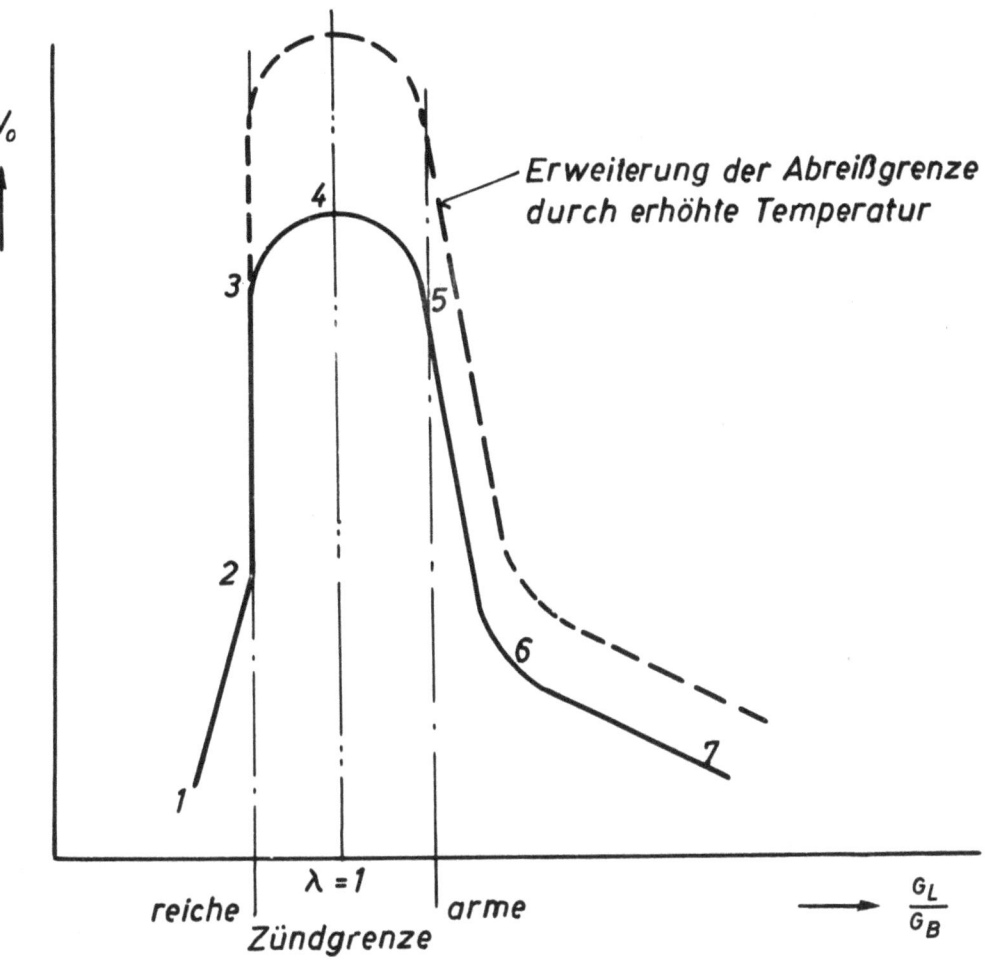

Abbildung 20
Abreißgrenzen zu Abbildung 19 nach LEWIS und v. ELBE

Einer weiteren Steigerung der Anströmgeschwindigkeit kann nur durch entsprechende Gemischverarmung solange begegnet werden, bis das Gemisch etwa bei $\lambda = 1$ seine maximale Verbrennungsgeschwindigkeit erreicht (Punkt 4 in Abb. 20).

Bei weiterer Gemischverarmung wird eine Senkung der Anströmgeschwindigkeit erforderlich, die eine Verringerung der Geschwindigkeit im Wirbel zur Folge hat und so der abnehmenden Verbrennungsgeschwindigkeit des ärmeren Gemisches Rechnung trägt. Das gilt, bis die arme Zündgrenze erreicht wird (Kurvenabschnitt 4-5).

Mit fortschreitender Verarmung liegt nur noch im Kraftstoffstrahl direkt Zündfähigkeit vor, weil die mittlere Konzentration des Wirbels bereits außerhalb der Zündfähigkeit liegt. Die Flamme wird sich zwischen b und der Düse stabilisieren. Verarmt man noch weiter, so sinkt auch in diesem Bereich die Verbrennungsgeschwindigkeit, daher muß auch die Wirbelgeschwindigkeit und damit die Anströmgeschwindigkeit gesenkt werden, um eine Verbrennung aufrechtzuerhalten. Daher ergibt sich in diesem Bereich der Kurvenast 5-6 als Abreißgrenze.

Zum Schluß dieses Vorganges befindet sich die Flamme direkt vor der Düse. In erster Näherung ergibt sich für diesen Fall eine Unabhängigkeit der Abreißgrenze von der Anströmgeschwindigkeit. Daher erklärt sich der scharfe Knick im Kurvenverlauf und die Steigung des Kurvenastes 6-7.

Abschließend werde der Einfluß der Temperatur diskutiert. Unter der Annahme, daß die reiche Zündgrenze in einem Kraftstoff-Luftgemisch dann vorhanden ist, wenn alles verdampft ist, folgt, daß bei teilweiser Verdampfung zwischen den Kraftstofftröpfchen zündfähiges Gemisch vorhanden ist.

Bei Temperaturerhöhung tritt eine vollständige Verdampfung dieses noch zündfähigen Gemisches ein (ebenso bei feinerer Zerstäubung); es läßt sich mithin durch erhöhte Temperatur keine Verschiebung der reichen Zündgrenze in das reiche Gebiet hinein erreichen. Andererseits erhöht die gesteigerte Temperatur aber die Verbrennungsgeschwindigkeit. Diese Tatsache ermöglicht ein stabiles Brennen der Flamme bei größerer Anströmgeschwindigkeit. Das Maximum (4) verschiebt sich und erweitert den stabilen Bereich. Eine gleiche Wirkung hat die Temperaturerhöhung auf die arme Zündgrenze. Durch die nun hier ebenfalls höhere Verbrennungsgeschwindigkeit weicht die Abreißgrenze in Richtung höherer Anströmgeschwindigkeit aus.

VI. Die Verbrennung fester staubförmiger Brennstoffe in Gasturbinen

Die Entwicklung der kohlenstaubgefeuerten Brennkammer wurde begonnen, um durch die Verwendung von Stein- oder Braunkohle eine wirtschaftliche Anwendung von Gasturbinenanlagen zu erreichen. Der wesentlich geringere Wärmepreis dieser festen Brennstoffe gegenüber den flüssigen berechtigte die Annahme, daß trotz des Aufwandes von zusätzlichen Aggregaten dieses Ziel erreichbar sein müsse. Es wurden zwei Wege beschritten, ausgehend jeweils von vorhandenen bewährten Anlagen, wie sie in den Arbeiten von YELLOT und KAUTIUS beschrieben sind.

Möglich ist z.B. zunächst die Umgestaltung der im Flugzeugbau gebrauchten Rohrbrennkammer, die sich als kohlenstaubgefeuerte Kammer für Gasturbinen-Anlagen mit offenem Kreislauf und innerer Verbrennung eignet. Ein Ziel der Entwicklung ist hier z.B. der Bau von Antriebsanlagen für Schienenfahrzeuge.

Wie oben bereits erwähnt, sind für den Betrieb mit Kohlenstaub Zusatzaggregate notwendig. Es sind dies Kohlenstaubmühlen zur Pulverisierung und zum Einblasen. Die Arbeitsweise der Kammer ist im Prinzip die gleiche wie die der ölgefeuerten. Die Verbrennung geschieht im zylindrischen Brennrohr durch die Primärluft. Die Sekundärluft besorgt die Kühlung.

Von der Anlage müssen zur Gewährleistung eines sicheren Betriebes folgende Bedingungen erfüllt werden:

1. Die Kohleteilchen dürfen die Brennrohrwand nicht berühren.
2. Die Kohleteilchen müssen bei Verlassen des Brennrohres vollständig ausgebrannt sein.
3. Die Flugasche muß in Zykloneabscheidern entfernt werden, um die Turbine zu schützen.

Die ersten Modellversuche - durchgeführt an umgebauten Gleichraum-Brennkammern von Strahltriebwerken - ließen die grundsätzlichen Unterschiede in den Betriebsbedingungen der kohlenstaub- und der ölgefeuerten Brennkammern erkennen. Die Verweilzeiten erwiesen sich für Kohlenstaub als zu kurz. Dagegen wurde Abhilfe geschaffen durch Verlängerung der Brennkammer oder durch zweckentsprechende konstruktive Ausbildung der Zufuhröffnungen für die Verbrennungsluft.

Für den Verbrennungswirkungsgrad wurde keine nennenswerte Abhängigkeit von Druck und Temperatur der zugeführten Luft festgestellt. Lediglich die Verweilzeit und die Mahlfeinheit sind von Einfluß (Abb. 21).

Durch die größeren Verweilzeiten ergibt sich eine kleinere Wärmebelastung der Brennkammer.

$$\text{Kohlenstaubfeuerungen} \quad 1{,}8 \div 4{,}5 \cdot 10^6 \; kcal/m^3h$$
$$\text{Ölfeuerungen} \quad bis \; 2 \cdot 10^8 \; kcal/m^3h$$

Bekannt wurden u.a. die in Abbildung 22 ausgewerteten Versuche von YELLOT, deren Ziel die Untersuchung des Ausbrandes verschiedener Kohlensorten war.

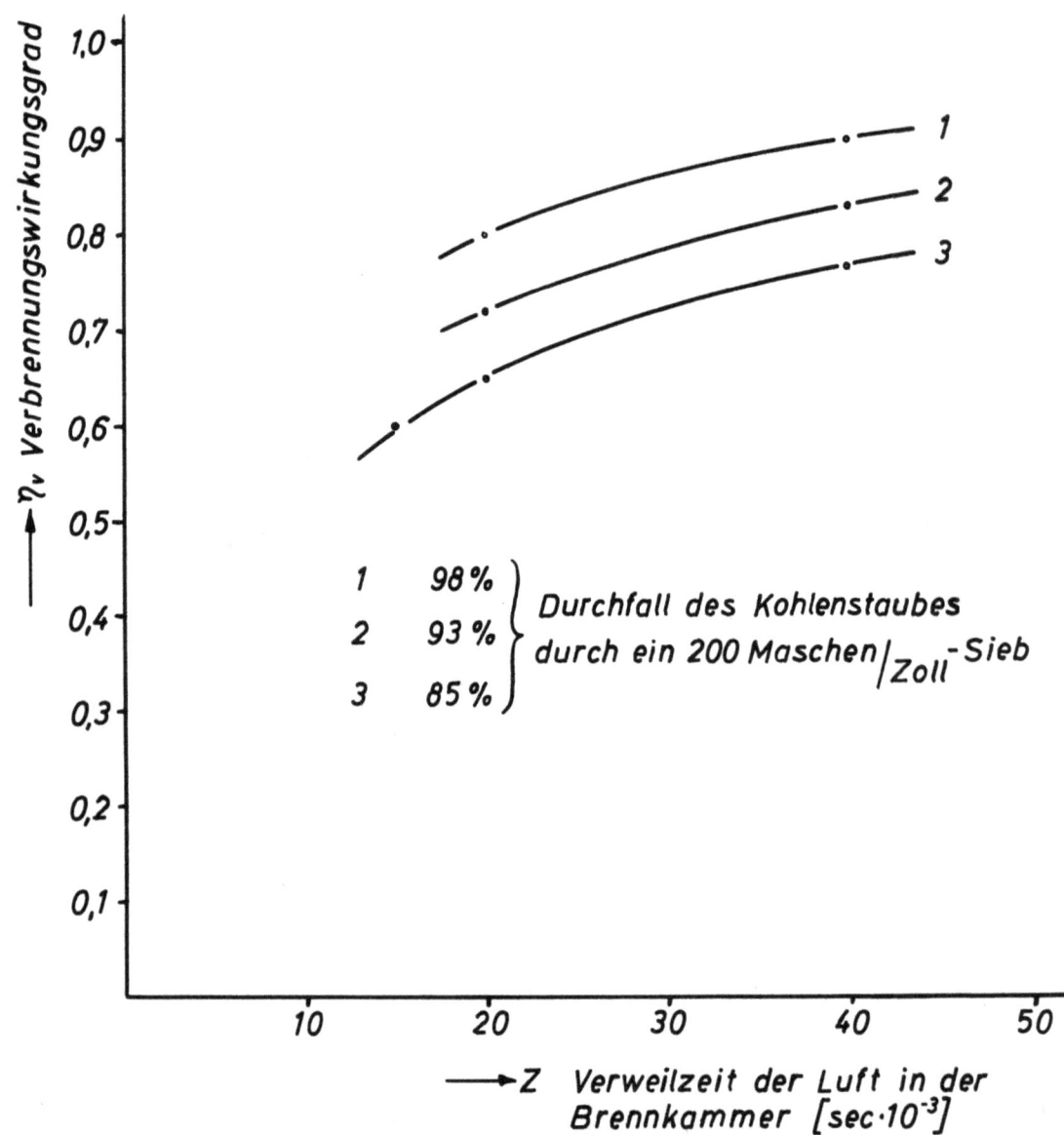

Abbildung 21
Gemessene Verbrennungswirkungsgrade in einer umgebauten Brennkammer
(nach YELLOT)

Die Kurve (1) zugrunde liegende Steinkohle zeigte sich den anderen Kohlen überlegen.

Gegen die schädliche Ablagerung von Asche und Schlackenfilmen wurde eine Luftschleierkühlung verwendet. Zu diesem Zweck bestand das Brennrohr aus ineinandergesetzten Hülsen, zwischen denen ringförmige Spalte den Eintritt der Sekundärluft ermöglichen.

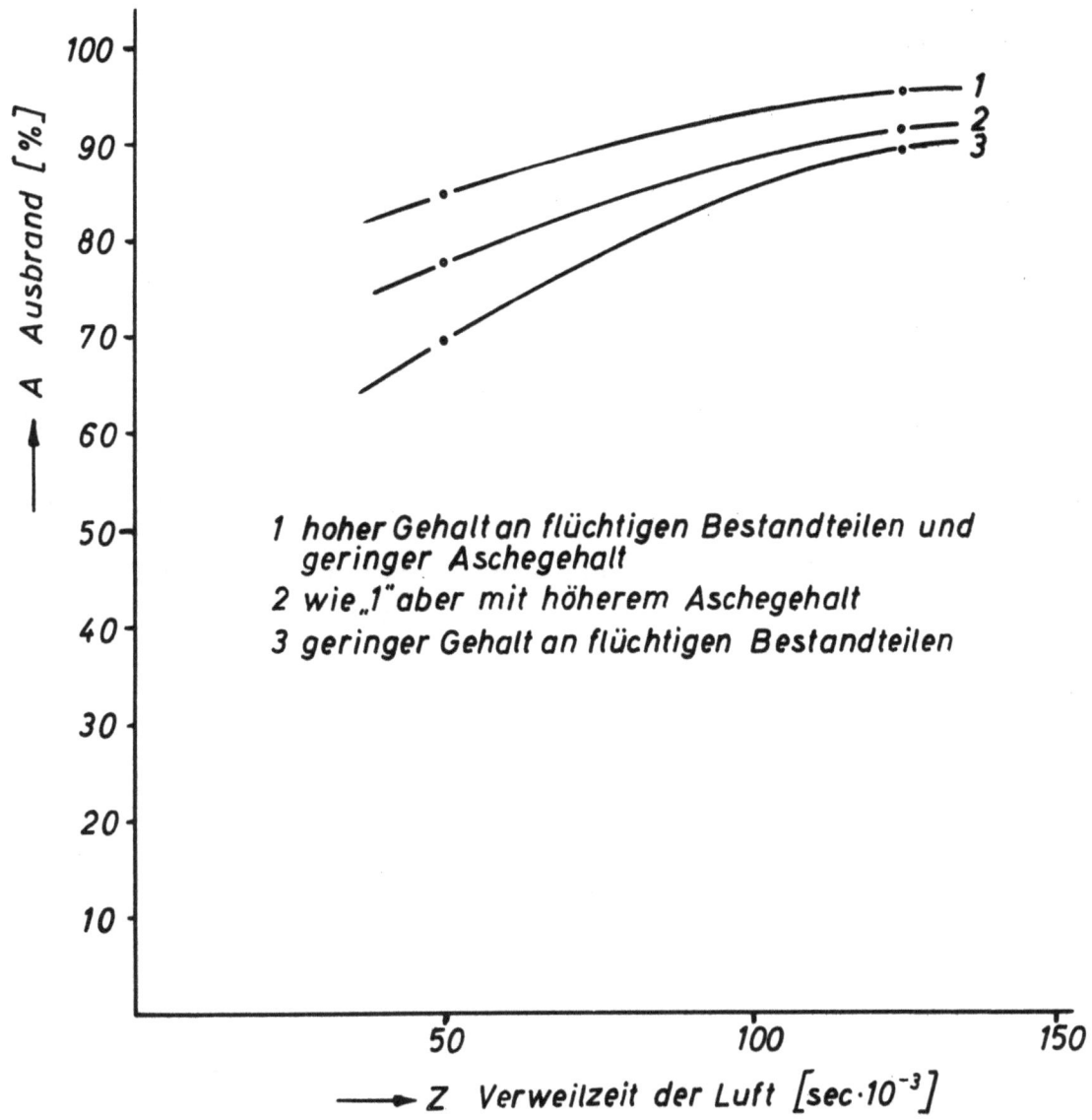

Abbildung 22

Abhängigkeit des Ausbrandes von der Verweilzeit der Luft in der Kammer
(nach YELLOT)

Im ebenfalls durchgeführten Probebetrieb mit Druckbrennkammern ($P_v \approx 4$ ata) konnten die Erkenntnisse der Modellversuche bestätigt werden. Das Hauptproblem der Großversuche, die Ascheabscheidung, konnte mit gutem Erfolg durch eine nachgeschaltete Batterie von Zyklonen gelöst werden.

Der Abscheidungswirkungsgrad ergab sich zu 93 %. Lediglich Korngrößen unter 20 μ konnten nicht restlos entfernt werden und setzten sich teilweise als dünner Belag auf den Turbinenschaufeln ab. Die Entwicklung ist noch nicht abgeschlossen.

Eine andere Richtung der Entwicklung ging von der Dampfkesselzyklonbrennkammer aus. Die dort erzielten günstigen Ergebnisse der

a) 88%igen Flugascheeinbindung im Brennraum
b) Entfernung der Verbrennungsrückstände in granulierter Form
c) Verwendung grobkörniger und minderwertiger Kohle

sollen den Gasturbinenanlagen nutzbar gemacht werden. Die derzeitigen Anlagen arbeiten mit offenem Kreislauf und nachgeschalteter Verbrennung. Der Vorteil, die Schaufeln der Turbine vor Ablagerungen und Beschädigungen zu schützen, wird durch den durch Ablagerungen im Wärmetauscher verursachten schlechten Wärmeübergang erkauft.

Da die Entwicklung noch ganz am Anfang steht, läßt die geringe Versuchserfahrung im Betrieb der Zyklonbrennkammer noch kein abschließendes Urteil über die Verwendbarkeit der Zyklonbrennkammer im Gasturbinenbetrieb zu.

VII. Grundlagen zu Untersuchungen an Modellbrennkammern
(Unter Verwendung der Arbeiten von C. WILLIAMS)

Wie sich bereits in den vorhergehenden Abschnitten zeigte, ist es für die Entwicklung von hochwertigen Brennkammern notwendig, daß zahlreiche experimentelle Ergebnisse herangezogen werden, um die Zusammenhänge der ineinandergreifenden Vorgänge erfaßbar zu machen.

Der Grund, warum diese Ergebnisse nicht an ausgeführten Großanlagen gewonnen werden können, ist im wesentlichen in der Tatsache enthalten, daß Gasturbinentriebwerke mit relativ hohen Luftdurchsätzen arbeiten. Es wären mithin große und teure Verdichteranlagen zu beschaffen, die die Forschungskosten ungerechtfertigt steigen ließen.

Allerdings sind bei Modellversuchen immer die dem Versuch und der Übertragbarkeit seiner Ergebnisse gezogenen Grenzen zu beachten.

Im Folgenden sollen darum nicht nur die Anforderungen an die Modellbrennkammern auf Grund der Gesichtspunkte für die Gestaltung der Brennkammern sondern die Möglichkeiten und Grenzen, die sich der Übertragung der Versuchsergebnisse bieten, sowie die anzuwendenden Untersuchungsverfahren und die entsprechenden Meßgeräte ermittelt werden.

Gemäß der den Brennkammern gestellten Aufgabe, große Wärmemengen in möglichst kleinem Raum schnell freizumachen, wird die Entwicklung der Brennkammern von dem Bestreben geleitet, unter Erhaltung der notwendigen Flammenstabilität eine Verminderung des Druckverlustes bei gleichzeitiger Steigerung des Ausbrenngrades und Vergrößerung der pro Raumeinheit umgesetzten Wärmemengen herbeizuführen. Die Beschleunigung des Verbrennungsablaufes durch Erhöhung der Verbrennungsgeschwindigkeit erfordert hohe Temperaturen in der Flammenzone. Je nach Kraftstoffart und Brennerausführung liegen diese zwischen 1600 und 2000°C. Gleichzeitig läßt sich durch obige Maßnahmen der Bauaufwand verringern.

Infolge der Festigkeitsgrenzen des Materials in den heutigen Kraftmaschinen müssen die Verbrennungsgase durch Zumischung von Sekundärluft auf 600° - 850° C gekühlt werden.

Die Zumischung und die Maßnahmen, die auf Grund der Kenntnis des Gemischbildungs- und Zündungsvorganges getroffen werden, erhöhen den Druckverlust der Brennkammer.

Entsprechende Kraftstoffeinbringung und gute Durchwirbelung der Verbrennungsluft, d.h. bewußte Luftführung durch Stabilisatoren, fördern die Verbrennung, steigern aber auch den Druckverlust, der den Wirkungsgrad der Gesamtanlage wesentlich mitbestimmt. Dem Stabilisator kommt hierbei eine wesentliche Rolle zu. Darum seien hier einige Ergebnisse, zum Teil auch englischer Arbeiten, genannt.

Die Form des Stabilisators ist danach ohne Einfluß auf die Abreißgrenzen, wenn das Verhältnis Länge : Durchmesser größer als 2 war.

Bei kleinen Stabilisatoren tritt die Erscheinung auf, daß der wachsende Turbulenzgrad den Stabilitätsbereich der Flamme reduziert. Abbildung 23 zeigt die Turbulenz, wie sie durch Siebe am Eintritt einer Modellbrennkammer hervorgerufen wurde.

Die Aufheizung des Stabilisators erweitert die Abreißgrenzen, wie Abbildung 24 deutlich erkennen läßt.

Die charakteristischen Merkmale, Zünd- und Abreißgrenzen, Verbrennungswirkungsgrad, Temperaturverteilung, Druckverluste, die die Verbrennungsgeschwindigkeit beeinflussenden Variablen (Ausströmgeschwindigkeit, Turbulenzgrad, etc.) werden an Modellbrennkammern zunächst ermittelt.

Um die Grenzen der Übertragbarkeit der Versuchsergebnisse zu erkennen, sind Ähnlichkeitsbedingungen aufzustellen. Hier sei zunächst auf die geometrische Ähnlichkeit zwischen Modell- und Hauptbrennkammer hingewiesen.

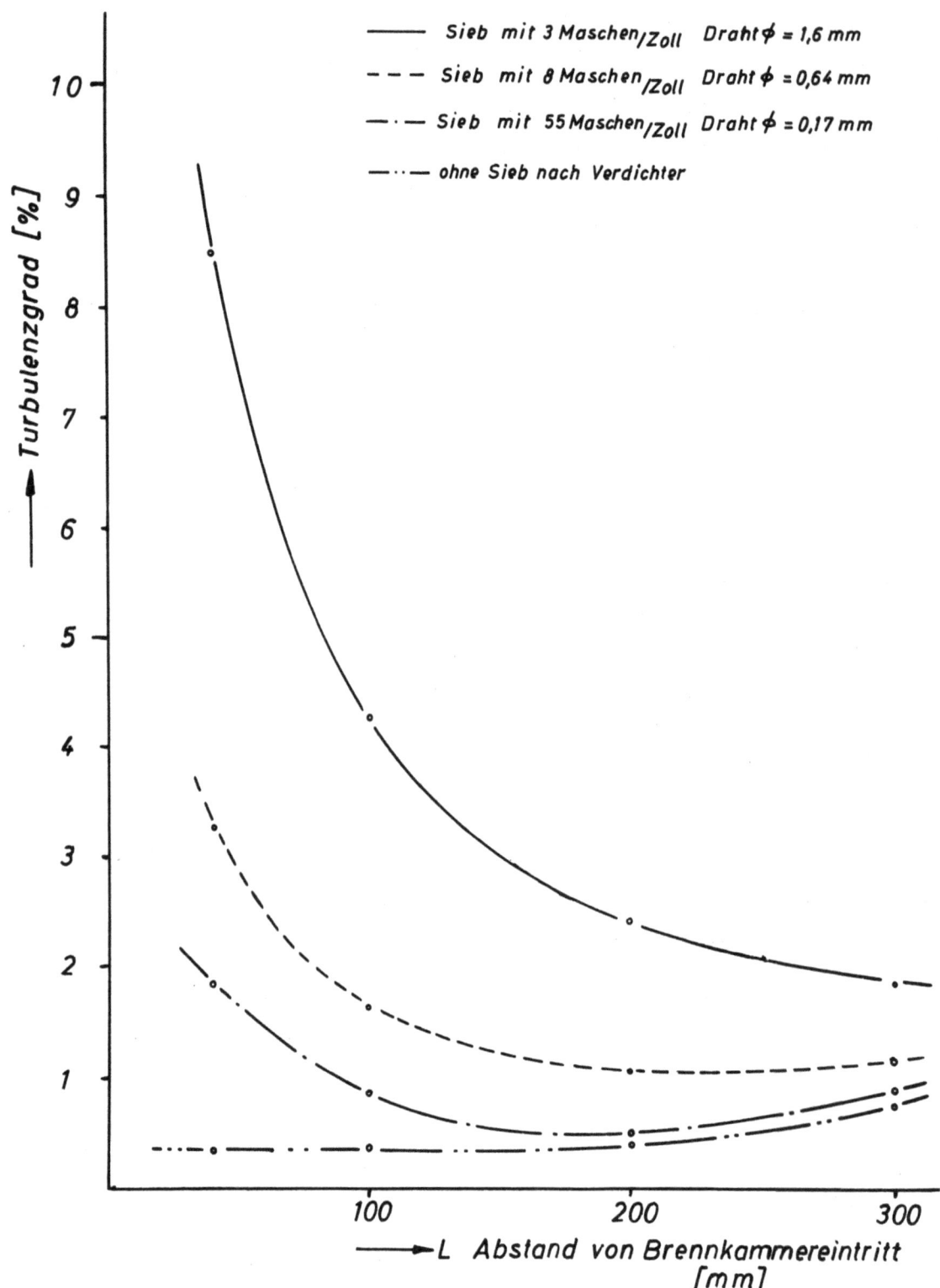

Abbildung 23
Gemessene Turbulenzgrade vor dem Brennkammereintritt
(nach C. WILLIAMS)

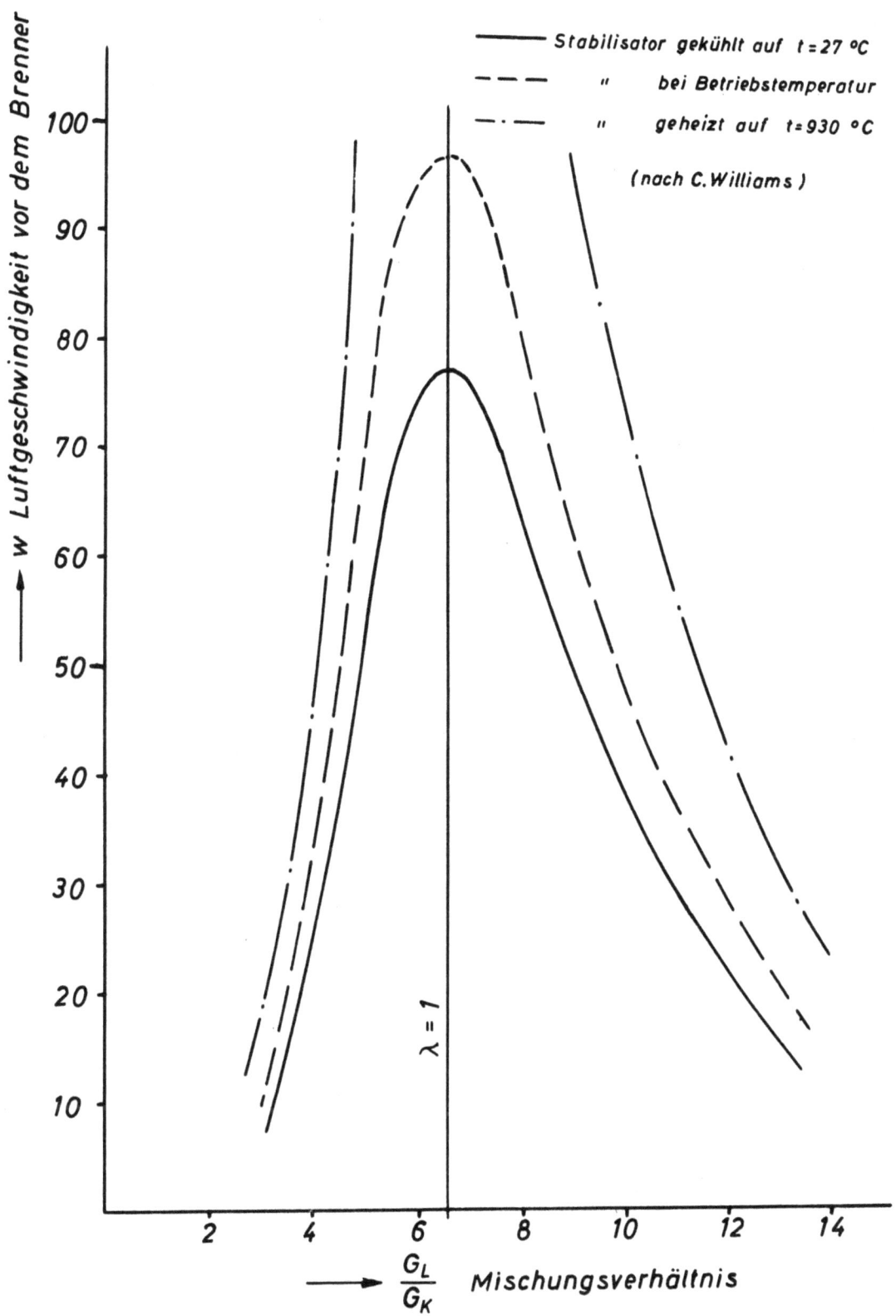

Abbildung 24
Einfluß der Stabilisatortemperatur auf die Abreißgrenzen

Die Erfüllung dieser Forderung schafft die Grundlage für gleiche Strömungsverhältnisse in beiden Kammern.

Dann sind die den Strömungsverlauf beeinflussenden Größen in entsprechendem Verhältnis zu wählen, wie z.B. Trägheits-, Zähigkeits- und auch Schwerekräfte.

Berücksichtigt man folgende Bezeichnungen:

d ...charakteristische Länge
w ...charakteristische Geschwindigkeit
γ ...spez. Gewicht des Gases
ρ ...Gasdichte
η ...dynamische Zähigkeit
ν ...kinematische Zähigkeit
c ...Schallgeschwindigkeit

dann sind die Trägheitskräfte $\quad T \sim \frac{\gamma}{g} \cdot d^2 \cdot w^2$

die Zähigkeitskräfte $\quad Z \sim \eta \cdot d \cdot w$

und die Schwerekräfte $\quad S \sim \gamma \cdot d^3$

daraus folgt:

$$\frac{T}{Z} \sim \frac{\gamma \cdot d^2 \cdot w^2}{g \cdot \eta \cdot dw} = \frac{w \cdot d \cdot \rho}{\eta} = \frac{w \cdot d}{\nu} = Re \tag{18}$$

bzw. als Ähnlichkeitsbedingung:

$$Re = \text{const.}$$

Die Froude'sche Kennzahl

$$F = \frac{w}{\sqrt{d \cdot g}} \tag{19}$$

ist dem Verhältnis der Massenkräfte zu den Schwerekräften proportional. Sie stellt eine weitere Bedingung dar, wann bei Kraftstoffeinspritzung die Kraftstofftröpfchen in besonderem Maße dem Einfluß der Schwerkraft unterliegen.

Die Mach'sche Zahl ist bei kompressiblen Strömungen von Bedeutung:

$$M = \frac{w}{c} \qquad (20)$$

Eine weitere Bedingung für die den Strömungsverlauf beeinflussenden Größen ist das konstante Verhältnis zwischen Zähigkeiten η und spez. Gewichten γ der Medien. Bei Anwendung gleicher Versuchsmedien, der Fall ist meist gegeben, ist diese Bedingung a priori erfüllt.

Für die Vorgänge bei der Verdampfung und Verbrennung des Kraftstoffes liefern die im folgenden aufgeführten Kennzahlen die Bedingungen:

a) Verdampfungskennzahl $\qquad V = \dfrac{r}{c_p \cdot T} \qquad (21)$

Dabei bedeutet
$\qquad r \ldots$ Verdampfungswärme
$\qquad c_p \ldots$ Spez. Wärme bei const. Druck
$\qquad T \ldots$ abs. Temperatur

b) Diffusionskennzahl $\qquad D = \dfrac{w \cdot d \cdot v}{a} \qquad (22)$

Es sind
$\qquad v \ldots$ Konzentration an einer bestimmten Stelle der Brennkammer
$\qquad a \ldots$ Stoffleitfähigkeit

c) WEBERsche Kapillarkenngröße
$\quad \sigma \ldots$ Oberflächensp. $\qquad W = \dfrac{w^2 \cdot d \cdot \rho}{\sigma} \qquad (23)$

d) Strahlungskennzahl
$\quad C_s \ldots$ Strahlungskonstante $\qquad S' = \dfrac{c_s \cdot T^3}{c_p \cdot \gamma \cdot w} \qquad (24)$

e) PRANDTLsche Kennzahl
$\qquad Pr = \dfrac{\nu}{a} \qquad (25)$

Praktisch können die oben erwähnten Ähnlichkeitsbedingungen nicht eingehalten werden, und damit sind für den Modellversuch gewisse Kompromisse erforderlich.

Bei reinen Strömungsversuchen läßt sich durchaus z.B. das REYNOLDsche und das FROUDsche Gesetz erfüllen. Man erreicht dies durch entsprechende Wahl der Versuchsmedien und kann damit die Stoffkonstanten in geeigneter Weise variieren. Im vorliegenden Fall sind jedoch nicht reine Strömungsversuche von Interesse. Die zu klärenden Fragen beziehen sich auf durch Verbrennung beeinflußte Strömungen, so daß Änderungen der Gase durch Temperatur und Dichteunterschiede erheblich von Bedeutung sind.

Abgesehen von der Verdampfungskennzahl lassen sich die anderen Größen für Verdampfung und Verbrennung des Kraftstoffes selten realisieren, weil über die meist eingehende Geschwindigkeit bereits anderweitig verfügt werden mußte. Eine ähnlichkeitsgetreue Übertragung der Diffusionskennzahl und der Kappilarkenngröße ist dadurch nicht möglich.

Die teilweise Übertragung der an Modellbrennkammern gewonnenen Ergebnisse ist möglich unter folgenden Voraussetzungen:

Neben der geometrischen Ähnlichkeit müssen in der Kammer gleicher Luftzustand, gleicher Luftdurchsatz und gleiche Gastemperatur vorhanden sein.

Es ergibt sich zwar dann nicht der exakte Modellversuch, doch lassen sich die Gültigkeits- und Übertragbarkeitsgrenzen nun einschätzen und ermöglichen die gewünschten Rückschlüsse auf die wirklichen Verhältnisse in der Großausführung.

In den Versuchen bedient man sich verschiedener Untersuchungsverfahren, insbesondere zur Messung des Druckabfalls, der Temperaturverteilung, des Verbrennungswirkungsgrades, der Abreißgrenzen und des Zündverhaltens.

An erster Stelle seien hier noch die rechnerischen Grundlagen zur Aufstellung von Arbeitsblättern für die Bestimmung des Druckverlustes in der Brennkammer gezeigt.

Die verwendeten Berechnungen beziehen sich auf Abbildung 25. Man kann den durch eine Brennkammer entstehenden Druckverlust aufteilen in:

a) den Druckverlust durch die Erzeugung des für stabile Verbrennung erforderlichen Wirbels (Bereich 1 + 2)

b) den Druckverlust durch die Wärmezufuhr im Brennrohr
    (Bereich 2 + 3)

c) den Druckverlust durch die Zumischung von Sekundärluft
    (Bereich 3 + 4).

Die unter a) genannten Verluste sind in erster Näherung Stoßverluste, herrührend von der unstetigen Erweiterung des Strömungsquerschnittes hinter dem Brennkegel.

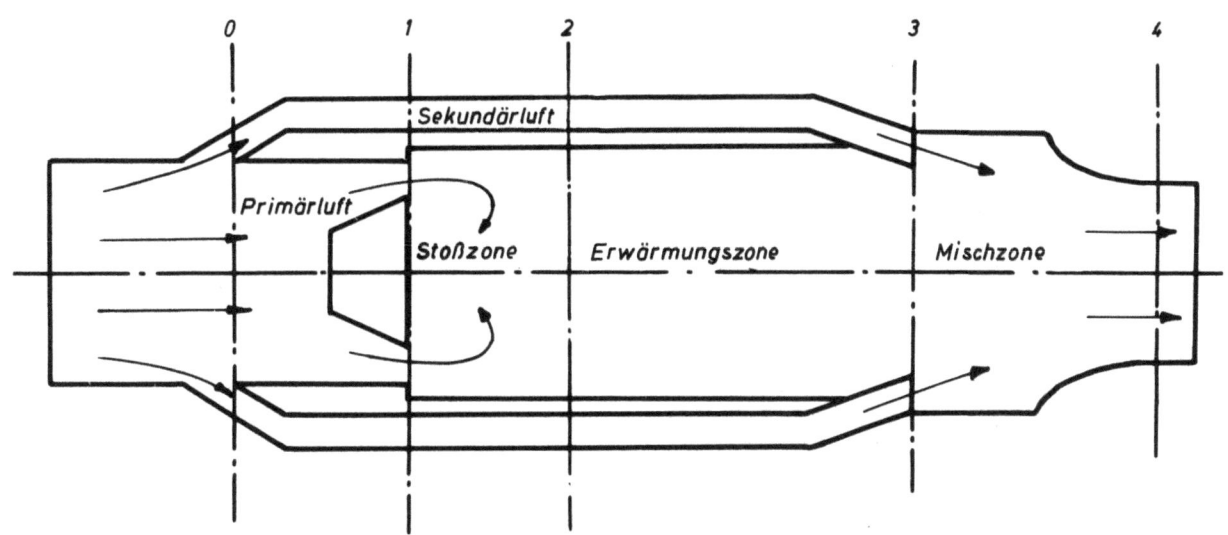

Abbildung 25
Schema des Strömungsverlaufes in einer Brennkammer

Die durch Stoß verursachten Druckverluste bei kompressiblen Medien lassen sich nach folgenden Überlegungen abschätzen:
Den Vorgang beim Stoß stellt Abbildung 26 dar.

Im Schnitt 0 (Querschnitt F_o) herrscht die Geschwindigkeit W_o, die sich bis 2 verzögert auf W_2. Im Schnitt 2 (Querschnitt $F_2=F_1$) bestehe gleichmäßige Geschwindigkeitsverteilung. NUSSELT fand, daß sich die sogenannte Stoßzone über eine Tiefe von 4,5 D ($F_2 = \frac{D^2 \cdot \pi}{4}$) erstreckt.

Der Impulssatz liefert den Druckanstieg von 1 nach 2

$$F_2(p_2 - p_1) = \frac{G}{g}(W_0 - W_2) = \frac{F_2 \cdot W_2 \cdot \gamma}{g}(W_0 - W_2) \qquad (26)$$

$$\frac{p_2 - p_1}{\gamma} = W_2 \cdot \frac{W_0 - W_2}{2g} \qquad (26a)$$

Für verlustlose Strömung ergibt sich nach BERNOULLI

$$\frac{p_2' - p_1}{\gamma} = \frac{W_0^2 - W_2^2}{2g} \qquad (27)$$

Die Differenz von Gleichung 26a und Gleichung 27 ergibt den Stoßverlust durch die Erweiterung

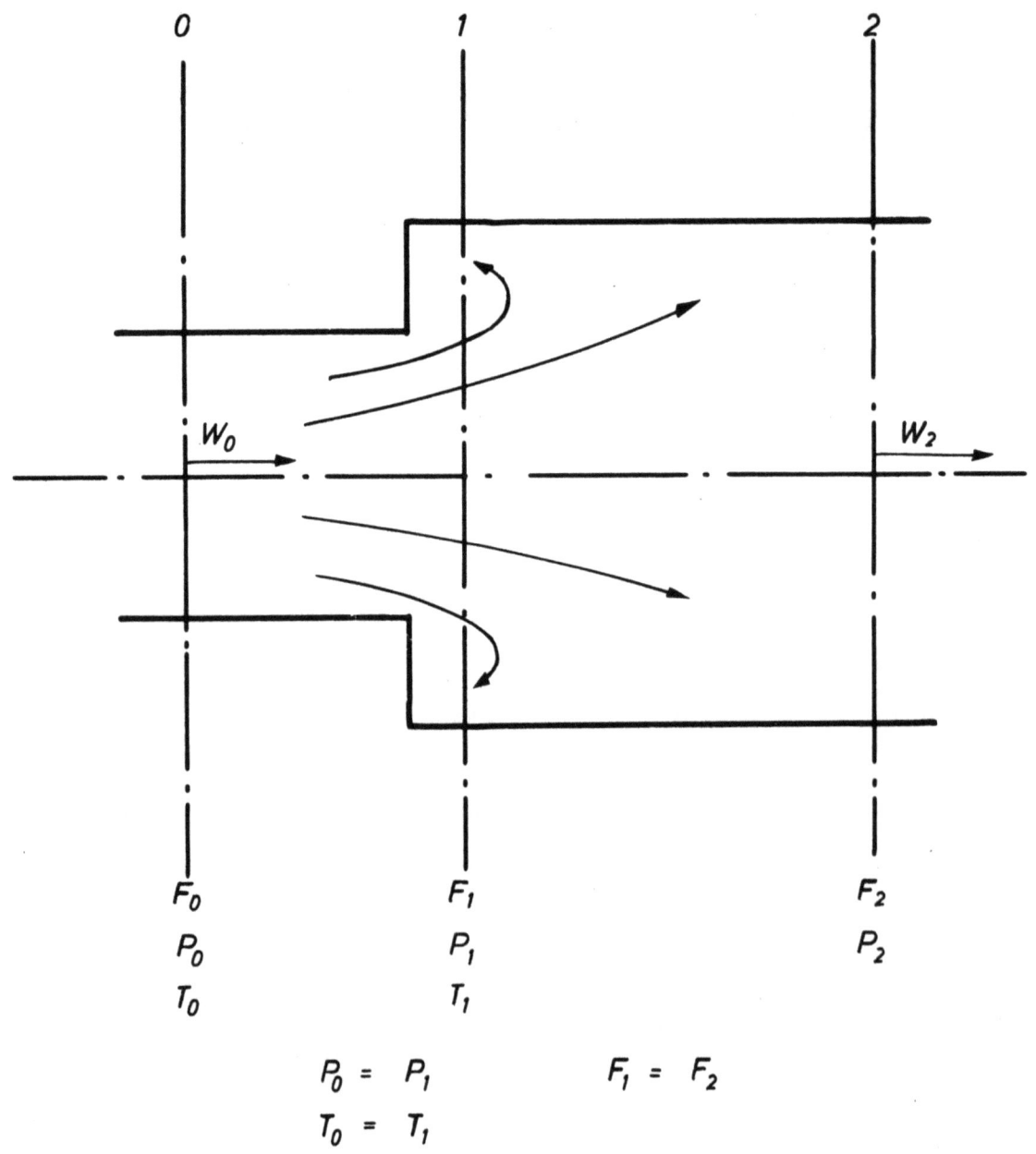

Abbildung 26
Schema zum Vorgang beim Stoß

$$\frac{P_2' - P_2}{\gamma} = \frac{(W_0 - W_2)^2}{2g} \qquad (28)$$

Um den Stoßverlust bei kompressibler Strömung zu berechnen, werden folgende Gleichungen zugrunde gelegt:

a) Impulssatz
$$\frac{G}{g}(W_0 - W_2) = F_2(P_2 - P_1) \tag{26}$$

b) Energiesatz
$$c_p(T_2 - T_0) = \frac{A}{2g}(W_0^2 - W_2^2) \tag{29}$$

c) Kontinuitätssatz
$$G = \frac{V}{v} = \frac{F \cdot w}{v} \tag{30}$$

d) Gasgleichung
$$p \cdot v = R \cdot T \tag{31}$$

Setzt man Gleichung 30 in Gleichung 26 ein, so erhält man
$$\frac{F_0 \cdot w_0}{v_0 \cdot g}(W_0 - W_2) = F_2(P_2 - P_1)$$

Aus Gleichung 31 folgt
$$v_0 = \frac{R \cdot T_0}{P_0} = \frac{R \cdot T_0}{P_1}, \text{ weil } P_0 = P_1 \text{ ist.}$$

Eingesetzt ergibt sich
$$\frac{F_0}{F_2} \cdot \frac{w_0(W_0 - W_2)}{g \cdot R \cdot T_0} \cdot P_0 = P_2 - P_0$$

Nach Umformung und auf der linken Seite mit k erweitert
$$\frac{F_0}{F_2} \cdot \frac{k \cdot w_0^2}{g \cdot k \cdot R \cdot T_0} \left(1 - \frac{W_2}{W_0}\right) = \frac{P_2}{P_0} - 1$$

Bekanntlich entspricht die Größe $g \cdot k \cdot R \cdot T_0$ dem Quadrat der Schallgeschwindigkeit bezogen auf den Zustand o
$$C_0^2 = g \cdot k \cdot R \cdot T_0$$

Andererseits ist das Verhältnis $\frac{w_0}{C_0}$ gleich der örtlichen Machzahl für den Zustand o
$$M_0 = \frac{w_0}{C_0}$$

Unter Berücksichtigung dieser Tatsache läßt sich das statische Druckverhältnis der Drücke vor und nach dem Stoß berechnen
$$\left(\frac{P_2}{P_0}\right)_{stat} = 1 + \frac{k \cdot M_0^2}{\frac{F_2}{F_0}}\left(1 - \frac{W_2}{W_0}\right) \tag{32}$$

Das Druckverhältnis des Gesamtdruckes und des statischen Druckes im Zustand o läßt sich mit der Machzahl ausdrücken gemäß folgender Ableitung:

$$h_{ad} = \frac{w_0^2}{2g} = \frac{k}{k-1} R \cdot T_0 \left[\left(\frac{P_{0\,ges}}{P_{0\,stat}}\right)^{\frac{k-1}{k}} - 1 \right]$$

$$\frac{w_0^2}{g \cdot k \cdot R \cdot T_0} = \frac{2}{k-1} \left[\left(\frac{P_{0\,ges}}{P_{0\,stat}}\right)^{\frac{k-1}{k}} - 1 \right]$$

oder

$$\frac{P_{0\,ges}}{P_{0\,stat}} = \left[1 - \frac{k-1}{2} \cdot M_0^2 \right]^{\frac{k}{k-1}} \tag{33}$$

Das letztlich interessierende Verhältnis der Gesamtdrücke vor und nach dem Stoß kann dann unter Berücksichtigung der Gleichungen 32 und 33 berechnet werden nach der Beziehung

$$\frac{P_{2\,ges}}{P_{0\,ges}} = \frac{P_{2\,ges}}{P_{2\,stat}} \cdot \frac{P_{0\,stat}}{P_{0\,ges}} \cdot \frac{P_{2\,stat}}{P_{0\,stat}} \tag{34}$$

Werden die Gleichungen für verschiedene Querschnittsverhältnisse ausgewertet, so erhält man Arbeitsblätter, aus denen der Stoßverlust unmittelbar entnommen werden kann.

Mitunter ist die Kenntnis des statischen Zustandes nach dem Stoß wichtig. Dazu liefern die gleichen Grundgleichungen nach einigen Umformungen das Ergebnis

$$\left(\frac{T_2}{T_0}\right)_{stat} = 1 + \frac{k-1}{2} \cdot M_0^2 \left[1 - \left(\frac{w_2}{w_0}\right)^2 \right] \tag{35}$$

Die Machzahl für den Zustand nach dem Stoß folgt aus

$$M_2 = \frac{\frac{w_2}{w_0}}{\sqrt{\frac{T_2}{T_0}}} \cdot M_0 \tag{36}$$

wobei

$$\frac{w_2}{w_0} = \frac{T_2}{T_0} \cdot \frac{P_0}{P_2} \cdot \frac{F_0}{F_2}$$

ist.

Forschungsberichte des Wirtschafts- und Verkehrsministeriums Nordrhein-Westfalen

Erforderlich ist weiterhin der Druckverlust infolge Wärmezufuhr im Rohr konstanten Querschnittes.

Ausgehend von den Gleichungen

a) Kontinuität $$G = \frac{F \cdot w}{v} \qquad (30)$$

oder als Stromdichte $$\frac{G}{F} = \frac{w}{v} = D = \text{konstant} \qquad (\text{Gl. 30a})$$

b) Bernoulli $$-v \cdot dp = d\left(\frac{w^2}{2g}\right) \qquad (\text{Gl. 37})$$

c) Gasgleichung $$p \cdot v = R \cdot T \qquad (\text{Gl. 31})$$

gilt dann $$w = D \cdot v$$

bzw. $$-\frac{dp}{dv} = \frac{D^2}{g} \qquad \frac{dw}{dv} = D = \text{konstant}$$

Das ist die Gleichung einer Gerade im p-v-Diagramm. Die Erwärmung im Brennerrohr vergrößert mithin das Gasvolumen, wodurch sich die Geschwindigkeit erhöht.

$$-\int dp = \frac{D^2}{g} \int dv$$

$$P_2 - P_3 = \frac{D^2}{g}(v_3 - v_2)$$

$$P_2 - P_3 = \frac{R \cdot D^2}{g}\left(\frac{T_3}{P_3} - \frac{T_2}{P_2}\right)$$

$$\frac{g}{R \cdot D^2} = \frac{\frac{T_3}{P_3} - \frac{T_2}{P_2}}{P_2 - P_3}$$

dabei ist aber

$$\frac{g}{R \cdot D^2} = \frac{T_2}{P_2^2 \cdot k \cdot M_2^2}$$

und es wird

$$P_2 - P_3 = \frac{M_2^2 \cdot k}{T_2} \cdot P_2^2 \left(\frac{T_3}{P_3} - \frac{T_2}{P_2}\right)$$

nach Umformen

$$\frac{T_3}{T_2} = \frac{P_3}{P_2} \left[1 + \frac{1 - \frac{P_3}{P_2}}{k \cdot M_2^2}\right]$$

Bei Berücksichtigung der Kontinuitätsgleichung

$$\frac{T_3}{T_2} = \frac{w_3}{w_2} \cdot \frac{P_3}{P_2}$$

ergibt sich das statische Druckverhältnis

$$\left(\frac{P_3}{P_2}\right)_{stat} = 1 - k \cdot M_2^2 \left(\frac{w_3}{w_2} - 1\right) \qquad \text{(Gl. 38)}$$

Das Gesamtdruckverhältnis der Drücke vor und nach der Erwärmung wird aus Arbeitsblättern entnommen, die das Verhältnis in Abhängigkeit des Gesamttemperaturverhältnisses zeigen.

$$\left(\frac{T_3}{T_2}\right)_{ges.} = \frac{T_{3\,ges.}}{T_{3\,stat}} \cdot \frac{T_{2\,stat}}{T_{2\,ges.}} \cdot \frac{T_{3\,stat}}{T_{2\,stat}} \qquad \text{(Gl. 39)}$$

wobei wieder die Gleichungen gelten

$$\frac{T_{2\,ges.}}{T_{2\,stat}} = 1 + \frac{k-1}{2} \cdot M_2^2 \qquad \text{(Gl. 40)}$$

$$\frac{T_{3\,ges}}{T_{3\,stat}} = 1 + \frac{k-1}{2} \cdot M_3^2 \qquad \text{(Gl. 40a)}$$

und

$$M_3 = M_2 \cdot \frac{\frac{w_3}{w_2}}{\sqrt{\frac{T_3}{T_2}}} \qquad \text{(Gl. 36a)}$$

Die bei der vorhergehenden Berechnung des Druckverlustes durchlaufenen Zustände seien abschließend im i-s-Diagramm erläutert! (s. Abb. 27)

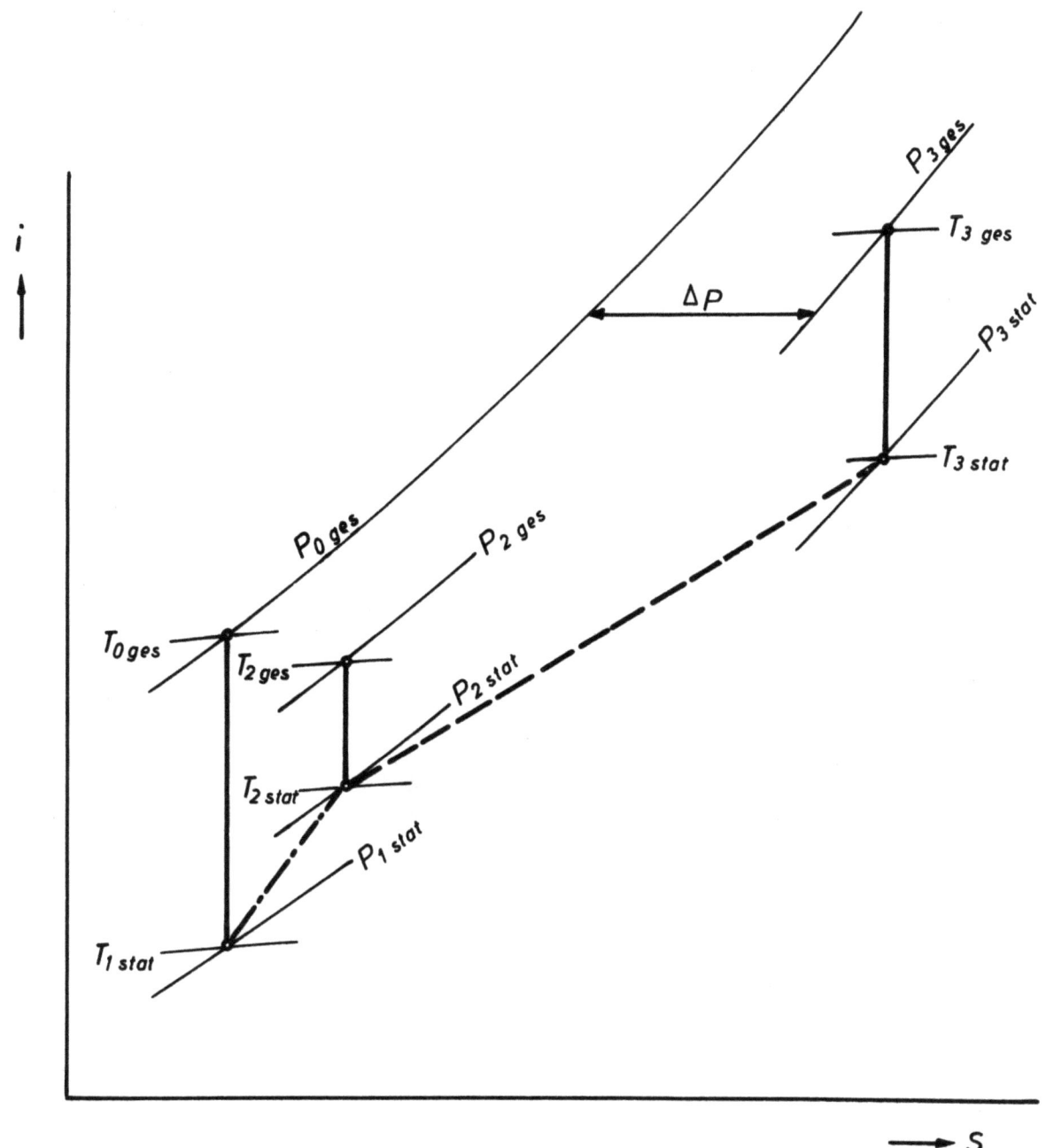

Abbildung 27

i-s-Diagramm zur Erläuterung des Druckverlustes in der Brennkammer

Der Gesamtzustand vor der Brennkammer sei durch P_{oges} und T_{oges} bestimmt! Durch Erreichen der Geschwindigkeit w_1 durch adiabatische Expansion stellt sich im Ringspalt der Kammer der statische Zustand T_{1stat} und p_{1stat} ein. Durch den Stoß verändern sich die Größen und man erhält p_{2stat} und T_{2stat}. Hierzu gehört der Gesamtzustand p_{2ges} und T_{2ges}, der durch adiabatischen Aufstau der Geschwindigkeit w_2 erreicht wird.

Die Wärmezufuhr bedingt einen weiteren Druckabfall auf p_{3stat}. Der zugehörige Gesamtzustand ist dann P_{3ges} und T_{3ges}. Der gesuchte Druckverlust ist im i-s-Diagramm eingezeichnet.

In der englischen Literatur wird häufig ein dimensionsloser Wert, der sogenannte "Druckverlustfaktor", benutzt.

Es seien
- Δp ... der Gesamtdruckverlust
- ϱ ... die Dichte der Eintrittsluft
- V_m ... die mittlere Luftgeschwindigkeit

wobei
$$V_m = \frac{Q_L}{F \cdot \gamma}$$

und
- Q_L ... Luftdurchsatz
- F ... maximaler Kammerquerschnitt
- γ ... spez. Gewicht der Eintrittsluft

Der Druckverlustfaktor ist folgendermaßen definiert

$$P_v = \frac{\Delta p}{\frac{\varrho}{2} \cdot V_m^2} = 2gF^2 \cdot \frac{\gamma \cdot \Delta p}{Q_L^2} \tag{41}$$

und liegt bei den gegenwärtig ausgeführten Brennkammern zwischen 30 und 60. Gelegentlich wurden bereits Werte in der Größenordnung 10 bis 12 erreicht.

Die theoretische Berechnung des Druckverlustes durch Zumischung von Sekundärluft läßt sich nur für wenig spezielle Fälle durchführen. Im allgemeinen muß man auf die experimentelle Ermittlung zurückgreifen.

Die Messung des Druckabfalles ist mit den üblichen Meßgeräten (Pitot- und Prandtlrohr) möglich; die Gesamttemperatur ist mit dem Staupunktthermometer bestimmbar. Es interessiert der Gesamtzustand vor und hinter der Kammer.

$$P_{o\,ges} = P_{o\,stat} + P_{o\,dyn} = P_{stat} + \frac{w_o^2}{2g} \cdot \gamma_o$$

$$t_{o\,ges} = t_{o\,stat} + t_{o\,dyn} = t_{o\,stat} + \frac{w_o^2}{2g} \cdot \frac{A}{C_p}$$

und

$$P_{3ges} = P_{3stat} + \frac{w_3^2}{2g} \cdot \gamma_3$$

$$t_{3ges} = t_{3stat} + \frac{w_3^2}{2g} \cdot \frac{A}{c_p}$$

Der Druckverlust in der Kammer ist damit

$$\Delta p_{BK} = p_{0ges} - p_{3ges} \tag{Gl. 42}$$

Vielfach ist es vorteilhaft, den Druckabfall auf den Staudruck am Brennkammer-Eintritt zu beziehen. Die Größe

$$\phi = \frac{\Delta p_{BK} \cdot 2g}{w_0^2 \cdot \gamma_0} \tag{Gl. 43}$$

enthält dann den gesuchten Druckverlust.

Als gesamte Temperaturerhöhung durch die Verbrennung in der Kammer erhält man

$$\Delta t_{BK} = t_{3ges} - t_{0ges} \tag{Gl. 44}$$

Neben der weiter oben gestellten Forderung nach Verringerung des Druckverlustes steht die der Erhöhung des Ausbrenngrades bei möglichst gleichmäßiger Temperaturverteilung.

Das Messen der Temperaturverteilung, die sowohl durch die Primärverbrennung, als auch durch die Gestaltung der Mischeinrichtung beeinflußt wird, ist mit Thermoelementen möglich.

In Betracht kommen je nach der Höhe der Temperatur Chromnickel - Nickel - und Platin - Platinrhodiumelemente. Dabei können entweder mehrere Elemente kammähnlich nebeneinander im zu messenden Querschnitt angebracht werden, man spricht in diesem Fall von einem Thermokamm oder man ordnet ein einzelnes Element verschiebbar über den gesamten Querschnitt an. Beim Thermokamm ergibt sich als Nachteil, daß die einzelnen Elemente einen Mindestabstand voneinander besitzen müssen, soll der Strömungsverlauf nicht gestört werden. Das verschiebbare Einzelelement gestattet es zwar, die Temperaturverteilung stetig zu bestimmen, fordert aber als Voraussetzung, daß die Kammer während der Meßdauer stationär arbeitet.

Forschungsberichte des Wirtschafts- und Verkehrsministeriums Nordrhein-Westfalen

In gleicher Weise wie das verschiebbare Einzelelement kann die Temperaturverteilung mit dem Absaugepyrometer festgestellt werden, wobei allerdings eine größere Ungenauigkeit in der Meßortbestimmung in Kauf genommen werden muß.

Optische Meßverfahren sind weniger anwendbar, da sie nicht gestatten, den hier interessierenden örtlichen Temperaturverlauf zu messen.

Zur Bestimmung des Verbrennungswirkungsgrades in der Brennkammer sind folgende Verfahren denkbar, nämlich die Bestimmung des Wärmeumsatzes durch

a) Messung des Brennkammerschubes
b) das Temperaturmittel der den Meßquerschnitt durchströmenden Gasmasse
c) kalorimetrische Messungen

Zu a) Aus der Impulsdifferenz der die Brennkammer verlassenden Abgase und der eintretenden Luft ergibt sich die Schubkraft.

Berücksichtigt man folgende Bezeichnungen

G_2 das in der Zeiteinheit in die Brennkammer eintretenden Luft. (kg/sec)
B das eingebrachte Kraftstoffgewicht (kg/sec)
W_o die Eintrittsgeschwindigkeit der Luft (m/sec)
W_A die Austrittsgeschwindigkeit der Abgase (m/sec)
P_o der Luftdruck am Brennkammereintritt (kg/cm^2)
P_A der Außendruck (kg/cm^2)
T_o der Luftquerschnitt am Brennkammereintritt (m^2)

so läßt sich die Schubkraft schreiben

$$S = (m_L + m_K) \cdot W_A - m_L \cdot W_o - P_o \cdot F_o \qquad \text{(Gl. 45)}$$

bzw.

$$S = \frac{1}{g}\left[(G_L + B)W_A - G_L \cdot W_o\right] - P_o \cdot F_o \qquad \text{(Gl. 45a)}$$

Mißt man die Schubkraft, so läßt sich aus Gleichung 45a die Austrittsgeschwindigkeit W_A berechnen, da alle anderen Größen ebenfalls durch Messung bestimmt werden können.

Die so berechnete Geschwindigkeit W_A entsteht durch Umsetzung des Gefälles h_A

$$h_A = \frac{W_A^2}{2g} \cdot A \qquad \text{(Gl. 46)}$$

Die umgesetzte Wärmemenge ergibt sich dann aus

$$Q_A = h_A \cdot (G_L + B)$$

Die der Brennkammer zugeführte Wärmemenge ist

$$Q_{BK} = B \cdot Hu$$

sodaß sich der Verbrennungswirkungsgrad ermitteln läßt

$$\eta_{BK} = \frac{Q_A}{Q_{BK}} = \frac{h_A(G_L+B)}{B \cdot Hu} = \frac{w_A^2 \cdot A(G_L+B)}{2g \cdot B \cdot Hu} \qquad (Gl.\ 47)$$

oder bei Berücksichtigung des Verhältnisses

$$m = \frac{G_L}{B}$$

$$\eta_{BK} = \frac{w_A^2 \cdot A(m+1)}{2g \cdot Hu} \qquad (Gl.\ 47a)$$

Zu b) Das Temperaturmittel der den Meßquerschnitt durchströmenden Gasmenge schafft die Möglichkeit, den Energiefluß durch diesen Querschnitt festzustellen. Damit ist dann die Berechnung des Verbrennungswirkungsgrades möglich.

Der Energiefluß läßt sich als Integral

$$Q = \int_0^F i \cdot \gamma \cdot w \cdot dF \qquad (Gl.\ 48)$$

angeben.

$i = c_p T$ ...Entalpie
γ ....spez. Gewichte der Brenngase
w ....örtliche Strömungsgeschwindigkeit

Aus Gleichung 48 ist erkennbar, daß zur Bestimmung des Energieflusses die Temperatur-, Geschwindigkeits- und Dichteverteilung in der den Querschnitt durchströmenden Gasmenge ermittelt werden muß.

Nach den weiter oben beschriebenen Methoden kann die örtliche Temperatur- und Druckmessung (Gesamttemperatur und Gesamtdruck) erfolgen.

Für die Geschwindigkeitsverteilung ist noch die Kenntnis des statischen Druckes wichtig. Wie Versuche ergeben haben, ist meist die Vereinfachung zulässig, den statischen Druck konstant über den gesamten Querschnitt anzunehmen. Dann genügt die Messung mittels Wandbohrungen und die schwierige Bestimmung in der Strömung entfällt.

Die örtliche Geschwindigkeit folgt dann aus

$$w = \sqrt{\frac{2g}{\gamma}(p_{ges} - p_{stat})} \qquad \text{(Gl. 49)}$$

Eine weitere Möglichkeit zur Bestimmung des Verbrennungswirkungsgrades steht anstelle der Messung des Temperaturmittels über der Gasmenge die Messung des Temperaturmittels über dem Querschnitt vor. Es zeigt sich, daß hierbei nicht die Temperaturverteilung festgelegt werden muß, sondern mittels entsprechend über dem Querschnitt angeordneten Widerstandsthermometer die mittlere Temperatur gewonnen werden kann.

Die ungleichmäßige Temperaturverteilung bewirkt eine fehlerhafte Anzeige des Widerstandsthermometers. Die Fehlgrenzen müssen abgeschätzt werden.

Zu c) Bei der Messung des Verbrennungswirkungsgrades mittels Abgaskalorimeter entzieht man den Abgasen den Hauptteil ihrer fühlbaren Wärme, der in dem Abgas enthalten bleibende Teil wird durch Thermometermessung bestimmt.

Es seien

Q_{Kal}...im Kalorimeter abgeführte und gemessene Wärme (Kcal/sec)
G_L ...Luftdurchsatz der Brennkammer (kg/sec)
B ...Kraftstoffdurchsatz (kg/sec)
t_{Kal} ...Abgastemperatur am Kalorimeteraustritt (oC)
t_0 ...Lufttemperatur vor der Brennkammer (^{o}C)
c_p ...mittlere spez. Wärme bei konstantem Druck für die angegebenen Temperaturgrenzen (kcal/kg ^{o}C)

Dann ist die in der Brennkammer entwickelte Wärme

$$Q_{BK} = Q_{Kal} + (G_L + B) \cdot c_p \Big|_c^{t_{Kal}} \cdot t_{Kal} - G_L \cdot c_p \Big|_0^{t_0} t_0 \qquad \text{(Gl. 50)}$$

Die Berechnung des Verbrennungswirkungsgrades kann jetzt nach der Gleichung erfolgen.

$$\eta_{BK} = \frac{Q_{BK}}{B \cdot H_u} \qquad \text{(Gl. 51)}$$

Forschungsberichte des Wirtschafts- und Verkehrsministeriums Nordrhein-Westfalen
___

Für die Beurteilung der Brennkammer ist neben der Kenntnis des tatsächlichen Wärmeumsatzes bzw. des Verbrennungswirkungsgrades auch die Brennraumbelastung wichtig. Die Brennraumbelastung ist die in der Raum- und Zeiteinheit entwickelte Wärmemenge ($kcal/m^3h$).

Dazu ist eine genaue, eindeutige Größenfestlegung des Brennraumes erforderlich. Die Verbrennungswirkungsgrade bezieht man deshalb meist auf eine bestimmte Brennkammerlänge.

In der letztgenannten Methode, dem kalorimetrischen Verfahren, liegt in der ungenauen Bestimmung des Brennraumes eine erhebliche Fehlerquelle. Durch geeignete Maßnahmen läßt sich aber erreichen, daß die Reaktionen im Kalorimeter selbst sofort zum Stillstand kommen, so daß ein Nachbrennen im Kalorimeter unterbunden wird.

Die Temperatur der in das Kalorimeter eintretenden Gase kann plötzlich stark gesenkt werden, wenn mit hohen Gasgeschwindigkeiten ein guter Wärmedurchgang erreicht wird, wenn weiter durch Aufteilen des Stromes große wärmetauschende Oberflächen bestrichen werden.

Die Abreißgrenzen und das Zündverhalten von Brennkammern lassen sich nicht theoretisch berechnen, wie in den ersten Abschnitten dargelegt wurde. Man ist hier auf die experimentelle Bestimmung angewiesen.

Es hat sich für die Messung der Abreißgrenzen folgende Versuchsdurchführung bewährt. Nach Zünden des Brenners und Einstellen der gewünschten Luftgeschwindigkeit wird die eingebrachte Kraftstoffmenge und damit das Luftverhältnis geändert, bis der Bereich der Instabilität erreicht wird und die Flamme bei weiterer Änderung der Einspritzmenge abreißt.

Die Beobachtung des Punktes wird erleichtert, weil mit Erreichen des kritischen Gebietes das Geräusch des Brenners zunimmt. Zur Steigerung der Meßgenauigkeit werden jeweils zwei Meßpunkte aufgenommen, deren Luftverhältnis nicht identisch sein sollte. Wichtig ist es, die Meßwerte kurz vor dem Abreißen abzulesen, weil nach dem Aussetzen sich in der Kammer Drücke und Temperaturen sofort stark ändern.

Die Zündgrenze läßt sich nach dem Einstellen der jeweiligen Luftgeschwindigkeit leicht bei eingeschalteter Zündung durch Änderung des Mischungsverhältnisses bestimmen, wobei ausgehend von nicht zündfähigem Gemisch das Mischungsverhältnis solange verändert wird, bis das Durchzünden der Brennkammer eintritt.

Wie sich schon weiter oben zeigte, müssen die Meßgeräte dem jeweils durchgeführten Versuch in iher Ausführung Rechnung tragen. Die bei den Modellbrennkammerversuchen erforderlichen Meßgeräte dienen im wesentlichen zur Druck- und Temperaturbestimmung.

Als Druckmeßgeräte haben sich vor allem Pitot- und Prandtlrohr bewährt. Zur Messung des statischen Druckes sind Wandanbohrungen und in die Strömung gebrachte Meßsonden geeignet. Die Strömungsrichtung in der Ebene kann mittels der Zweilochsonde, die räumliche mit der Fünflochkugel bestimmt werden. Die Geräte werden mit entsprechenden U-Rohren verbunden.

Zur Temperaturmessung stehen in erster Linie die Thermoelemente zur Verfügung, deren Anwendungsbereich sich bis 2400° C erstreckt. Zwar ergeben sich bei den für hohe Temperaturen geeigneten Elementen nur sehr geringe Thermospannungen, was aber durch Verwendung sehr empfindlicher Meßgeräte ausgeglichen werden kann.

Schwierigkeiten können die Maßnahmen bereiten, die zur richtigen Messung der Gesamttemperatur in einem strömenden Medium erforderlich sind. Neben dem Staufaktor, der bekannt sein muß, darf die Wärmeleitung im Element nur sehr gering sein. Außerdem ist ein wirksamer Strahlenschutz um den Meßort unerläßlich.

Das Gerät zeigt die Temperatur

$$t'_{ges.} = \tau \cdot t_{ges} \qquad \text{an,}$$

wobei

$$\tau = \frac{t'_{ges} - t_{stat}}{t_{ges} - t_{stat}} \qquad \text{ist.}$$

Die wirkliche Gesamttemperatur ergibt sich dann bei bekanntem Staufaktor

$$t = \frac{t'_{ges} + t_{stat}(\tau - 1)}{\tau}$$

Ein Staufaktor $\tau = 0{,}98$ ist bei Thermoelementen erreicht worden, deren Schweißperle in einem gegen Strahlung geschützten, mit mehreren Belüfunngsbohrungen versehenen Röhrchen angebracht ist. Dadurch wird stets eine geringe Strömung am Meßort aufrechterhalten und so die durch das Element abfließende Wärme ersetzt.

Als kombiniertes Meßgerät ist eine Konstruktion zu erwähnen, die die gleichzeitige Messung des Druckes und der Temperatur an einem Ort ermöglicht. Das Thermoelement ist dabei in der Staurohrachse gelagert. Die Staudruckmessung wird nicht beeinflußt, da im Rohr keine Strömung auftritt, jedoch der Korrekturfaktor des Elementes muß neu bestimmt werden, da auf die Belüftungsbohrungen verzichtet werden muß.

Das Gerät kann bei entsprechender Anordnung eines Gasentnahmeventils auch zur Ermittlung des örtlichen Luftverhältnisses dienen.

VIII. Prüfstand für Verbrennungsuntersuchungen

Im folgenden Abschnitt wird ein Prüfstand beschrieben, der zur Untersuchung der Selbstzündung und Verbrennung unter Bedingungen, die denen in einer Brennkammer nahekommen, dient.

Dieser Prüfstand, der unter Anleitung von F.A.F. SCHMIDT geplant und gebaut wurde, baut auf den langjährigen Erfahrungen auf, die in den von F.A.F. SCHMIDT geleiteten Instituten für Thermodynamik und motorische Arbeitsverfahren der DVL und für Wärmetechnik und Verbrennungsmotoren der Technischen Hochschule Aachen auf dem Gebiet des Selbstzündungsverhaltens von technischen Kraftstoffen gewonnen wurden. Er eignet sich insbesondere für Untersuchungen über die Zerstäubungs-, Aufbereitungs-, Zündungs- und Verbrennungsvorgänge von flüssig eingespritztem Kraftstoff.

Abbildung 28 zeigt den Aufbau des Prüfstandes. Dieser gestattet es, einen aufgeheizten Luftstrahl von vorgegebenem Querschnitt zu erzeugen, dessen definierte und meßbare Temperatur und Geschwindigkeit in weiten Grenzen variiert werden kann. Folgende prinzipielle Überlegungen liegen dem Prüfstand zugrunde:

Die Verbrennung soll sich in einer kontinuierlichen, fließenden Strömung abspielen. Die Strömung wird von der Verbrennungsluft gebildet und soll hohe Geschwindigkeiten ermöglichen, um Vergleiche mit den hohen örtlichen Geschwindigkeiten in der Primärzone einer Brennkammer zu ermöglichen. Durch eine derartige Anordnung ist es möglich, die bei einer stationären Flamme in der Strömung zeitlich hintereinander liegenden Vorgänge, besonders die eigentlichen Reaktionsvorgänge, auch geometrisch hintereinander anzuordnen und durch verschiebbare Meßgeräte meßtechnisch zu erfassen.

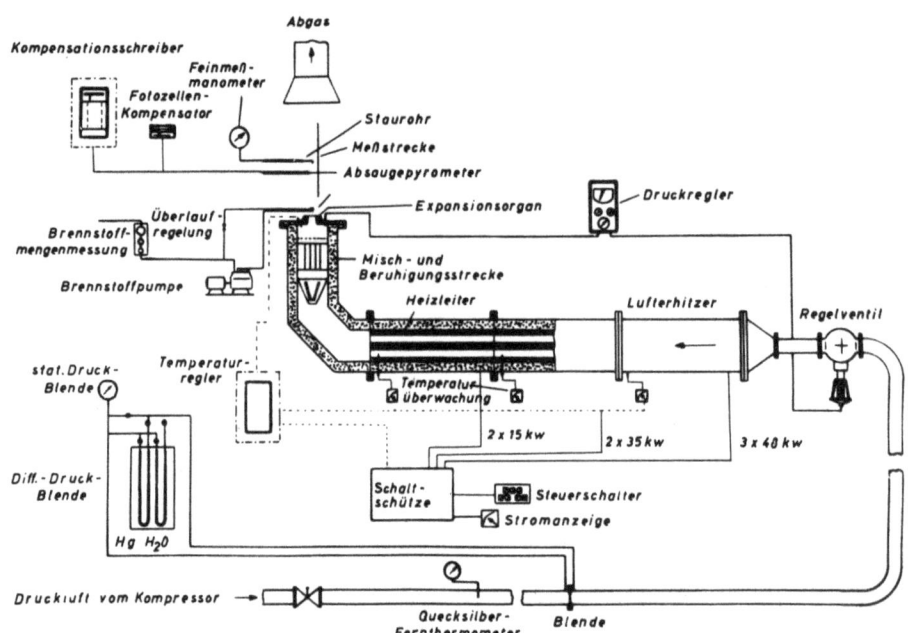

Abbildung 28
Prüfstand für Verbrennungsuntersuchungen
(Schema)

Für bestimmte Versuche, wie Zündverzugsmessungen, ist es erforderlich, der Strömung eine hohe Temperatur zu geben. Ein industrieller Wärmetauscher hätte der zu verlangenden hohen Temperaturen wegen zu unerträglichen Dimensionen geführt. Darum wurde die Erhitzung des Luftstrahles durch elektrische Heizwiderstände vorgenommen. Zur Erzeugung der hohen Geschwindigkeiten des heißen Luftstromes wurde die Beschleunigung durch Expansion in einem entsprechenden Organ benutzt. Die Expansion erfolgt aus einem Druckbehälter heraus in die freie Atmosphäre. Als Expansionsorgan dient eine Düse ohne Erweiterung. Diese Anordnung wurde mit folgender Begründung gewählt:

1. Ein in die freie Atmosphäre austretender Strahl mit einer sich darin entwickelnden Flamme, ohne ein umhüllendes Rohr, bietet die besten Beobachtungsmöglichkeiten.

2. Vom strömungstechnisch betrachteten Gesichtspunkt aus sind die Vorgänge beim Austritt eines Freistrahles mit kreisförmigem Querschnitt und bekannten physikalischen Eigenschaften in ein ruhendes Medium mit ebenfalls

bekannten physikalischen Eigenschaften vielfach untersucht worden und der Rechnung zugänglich.

3. Die erzielten Ergebnisse bei frei in die Atmosphäre austretenden Flammen können leicht reproduziert werden.

Mit dieser Prüfstandsanordnung ist im Unterschallbereich eine Temperatur bis zu 1000°C zu verwirklichen. Es besteht aber darüber hinaus noch die Möglichkeit, durch Einbau entsprechender Expansionsorgane in den Überschallbereich vorzudringen.

In den so verwirklichten schnellen Strahl heißer Luft wird Brennstoff eingespritzt, der vom Strahl mitgeführt, in der Wärme aufbereitet und schließlich zur Entzündung gebracht wird, worauf sich im weiteren Verlauf des Strahles die Flamme ausbildet. Als Brennstoff wurde u.a. JP4 "Kerosen" verwendet, der axial symmetrisch in den heißen Luftstrahl eingespritzt wurde. Als Einspritzorgan, das hohen Temperaturen gewachsen ist, werden Spezialdralldüsen der Firma Rolls-Royce (England) verwandt.

Die Druckluft wird von zwei Demag Rotationskompressoren geliefert, deren maximaler Durchsatz 0,7 kg Luft pro Sekunde beträgt.

Die Luftmengenmessung erfolgt durch eine Normblende nach DIN 1952, die Temperaturmessung an der Blende mittels Hg-Fernthermometer.

Der Lufterhitzer zur Aufheizung der Luft ist in Strömungsrichtung und damit in Richtung ansteigender Temperatur in drei Zonen aufgeteilt, die selbst wiederum mehrere Regelstufen umfassen. Dadurch wird eine Regelbarkeit von minimal 15 kW auf maximal 249 kW in 33 Stufen erreicht. Zur Überwachung dienen in die Heizstrecke eingebaute Thermoelemente. Eine automatische Sicherheitsschaltung verhindert den Betrieb des Lufterhitzers bei stillgelegtem Kompressor.

Die Misch- und Beruhigungsstrecke soll den Luftstrom glätten und ist aus hitzebeständigem Material gearbeitet.

Als Expansionsorgan wurden Düsen aus hochhitzebeständigem Stahl Thermax A 11 nach DIN 1952 angefertigt und eingesetzt.

Eine 6-Zylinder Bosch-Einspritzpumpe besorgt die Einspritzung des Brennstoffes durch die schon erwähnte Rolls-Royce-Spezialdralldüse in den heißen Luftstrahl. Die Brennstoffmengenmessung geschieht mit einem Rota-Messer.

Thermoelemente und Pitotrohre dienten zur Messung von Temperatur und Geschwindigkeiten. Die Meßstellen wurden klein gehalten, um die Strömung möglichst störungsfrei zu erhalten.

A b b i l d u n g 29

Abbildung 29 zeigt den Beobachtungsstand. Alle Meßgeräte und Bedienungselemente wurden in dem Beobachtungsstand zusammengefaßt. Alle zusammengehörenden Elemente wurden organisch miteinander vereinigt.

Der Prüfstand ist unter dem Gesichtspunkt der Erweiterungs- und Umbaumöglichkeiten ausgeführt, um in der Aufstellung des Versuchsprogramms freie Hand zu behalten.

1. Zündverzugsmessungen

Bei der Einspritzung von flüssigem Brennstoff in Brennkammern überlagern sich bis zur Zündung eine größere Anzahl von physikalischen und chemischen Vorgängen. Zunächst findet beim Austritt des Brennstoffes aus der Brennstoffdüse der Zerstäubungsvorgang statt. Bei Dralldüsen zerreißt in einem gewissen Abstand von der Einspritzöffnung durch das Zusammenwirken von Trägheits-, Zähigkeits- und Oberflächenkräften ein geschlossener Flüssigkeitsfilm und bildet ein Tröpfchenspektrum mit einem ausgeprägten Häufigkeitsmaximum für einen bestimmten Tropfendurchmesser. Bei höherem Brennstoffdruck wird die Zerstäubung insgesamt feiner.

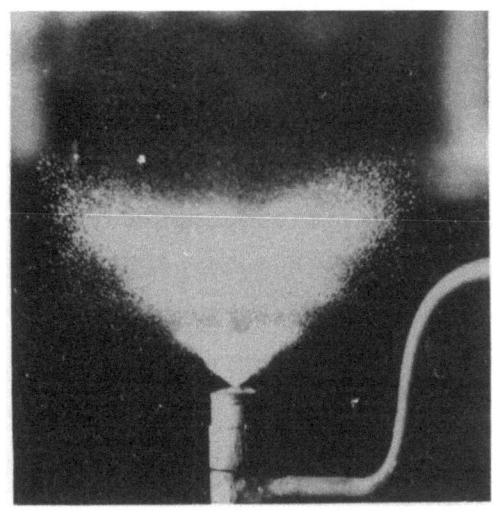 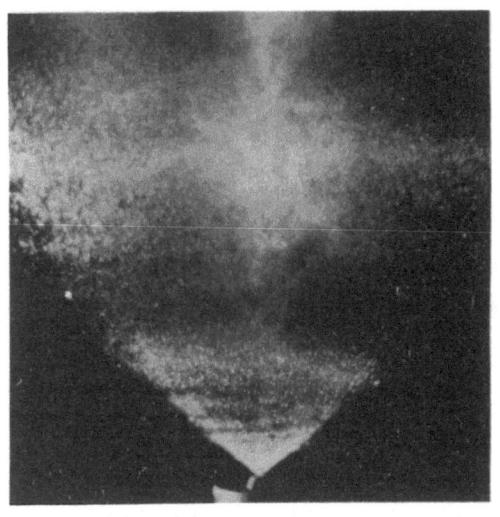

Abbildung 30   Abbildung 31

Die Abbildungen 30 und 31 zeigen stroboskopische Aufnahmen eines derartigen Vorgangs, wobei die Belichtungszeit etwa 10^{-6} sek betrug. Es zeigt sich, daß im Abstand von etwa 10 mm ($D_{Düse}$ = 15 mm) der geschlossene Kraftstoff-Film bereits in einzelne Tröpfchen zerfallen ist. Bei den obigen Aufnahmen erfolgte die Einspritzung des Brennstoffes in einen Luftstrahl, der sich von unten nach oben bewegte, wobei die Luftgeschwindigkeit 15m/sek und die Lufttemperatur 300°C betrug. Es zeigt sich deutlich, daß im Abstand von etwa 50 mm keine wesentliche Radialgeschwindigkeit der Tröpfchen mehr erkennbar ist, und daß in diesem Abstand ein großer Teil der kleineren Tropfen schon verdampft ist.

Wie in den vorhergehenden Abschnitten bereits ausführlich erläutert wurde, kann man sich den Vorgang bis zur Zündung von in heiße Luft eingespritztem Brennstoff so vorstellen, daß zunächst eine schnelle Abbremsung und gleichzeitige Aufheizung des Tropfens erfolgt und erst nach Erreichen einer für jeden Brennstoff charakteristischen Tropfentemperatur eine starke Verdampfung einsetzt. Es bildet sich dabei rund um den Tropfen herum eine Grenzschicht aus, in der von der Tropfenoberfläche aus die Konzentration des Kraftstoffdampfes schnell abnimmt und die Temperatur bis zur Temperatur der umgebenden Luft ansteigt. Beste Voraussetzungen für die Selbstzündung ergeben sich in einem Grenzschichtbereich, in dem annähernd stöchiometrisches Mischungsverhältnis vorliegt und die Temperatur möglichst hoch ist.

Eine rechnerische Verfolgung zeigt, daß die Zündbedingungen sich mit kleinerem Tropfendurchmesser verbessern, daß aber unterhalb eines bestimmten Tropfendurchmessers der Tropfen, bevor er zur Zündung gelangt, schon restlos verdampft sein kann, wobei es möglich wird, daß durch Turbulenz- und Diffusionsvorgänge die aus dem Tropfen entstandene Kraftstoffdampf-Luftgemischwolke schon soweit zerstreut ist, daß sie außerhalb guter Zündbedingungen liegt und sehr spät zur Zündung gelangt. Somit läßt sich im Hinblick auf die Selbstzündung für jeden Kraftstoff ein besonders geeigneter Tropfendurchmesser angeben.

Unter der Zündverzugszeit von in heiße Luft eingespritztem Brennstoff muß jetzt die Zeit verstanden werden, die vom Verlassen des Kraftstoffes aus der Düsenöffnung bis zum ersten Auftreten einer merkbaren chemischen Reaktion vergeht. Diese Zeit wurde in folgender Weise meßtechnisch ermittelt. Der Kraftstoff wurde mit einer Axialkomponente dem Luftstrom beigegeben, die etwa der Luftgeschwindigkeit entsprach, so daß nur relativ geringe Bewegungen zwischen Brennstofftropfen und Luftteilchen auftraten. In einem bestimmten Abstand von der Einspritzstelle aus trat die erste sichtbare Leuchterscheinung auf. Dieser Abstand wurde auf fotografischem Wege ermittelt, wobei die Belichtung nur durch das Eigenlicht der Flamme erfolgte. Der Auswertung wurden die genau vermessenen Geschwindigkeits- und Temperaturfelder des Luftstrahles zugrunde gelegt (Abb. 32 und 33).

Als Meßinstrumente wurden hierfür ein Pitotrohr in Verbindung mit einem Feinmeßmanometer und ein für diese Messung besonders entwickeltes Absaugepyrometer in Verbindung mit einem hochempfindlichen Lichtmarkenmillivoltmeter benutzt. Wie die Abbildungen zeigen, läßt sich deutlich ein Kern erkennen, in dem noch kein wesentlicher Geschwindigkeits- und Temperaturabfall bemerkbar ist. Außerhalb dieses Kernes fällt von innen nach außen hin die Geschwindigkeit und Temperatur sehr schnell ab, bedingt durch die Turbulenz, die beim Austreten des Strahles aus der Mündung erzeugt wird. Die Messungen wurden so durchgeführt, daß der Beginn der Flamme in der überwiegenden Mehrzahl der Fälle im Bereich der gesunden Kernströmung lag.

Die nächsten Abbildungen zeigen die so gewonnenen Flammenaufnahmen. Der Luftstrahl bewegt sich in allen Aufnahmen von unten nach oben. Die Einspritzung erfolgt an der Stelle O. In allen Fällen wurde eine sehr stabile Flammenfront beobachtet, insbesondere bei relativ hohen Lufttemperaturen und kleinen Luftgeschwindigkeiten.

Forschungsberichte des Wirtschafts- und Verkehrsministeriums Nordrhein-Westfalen

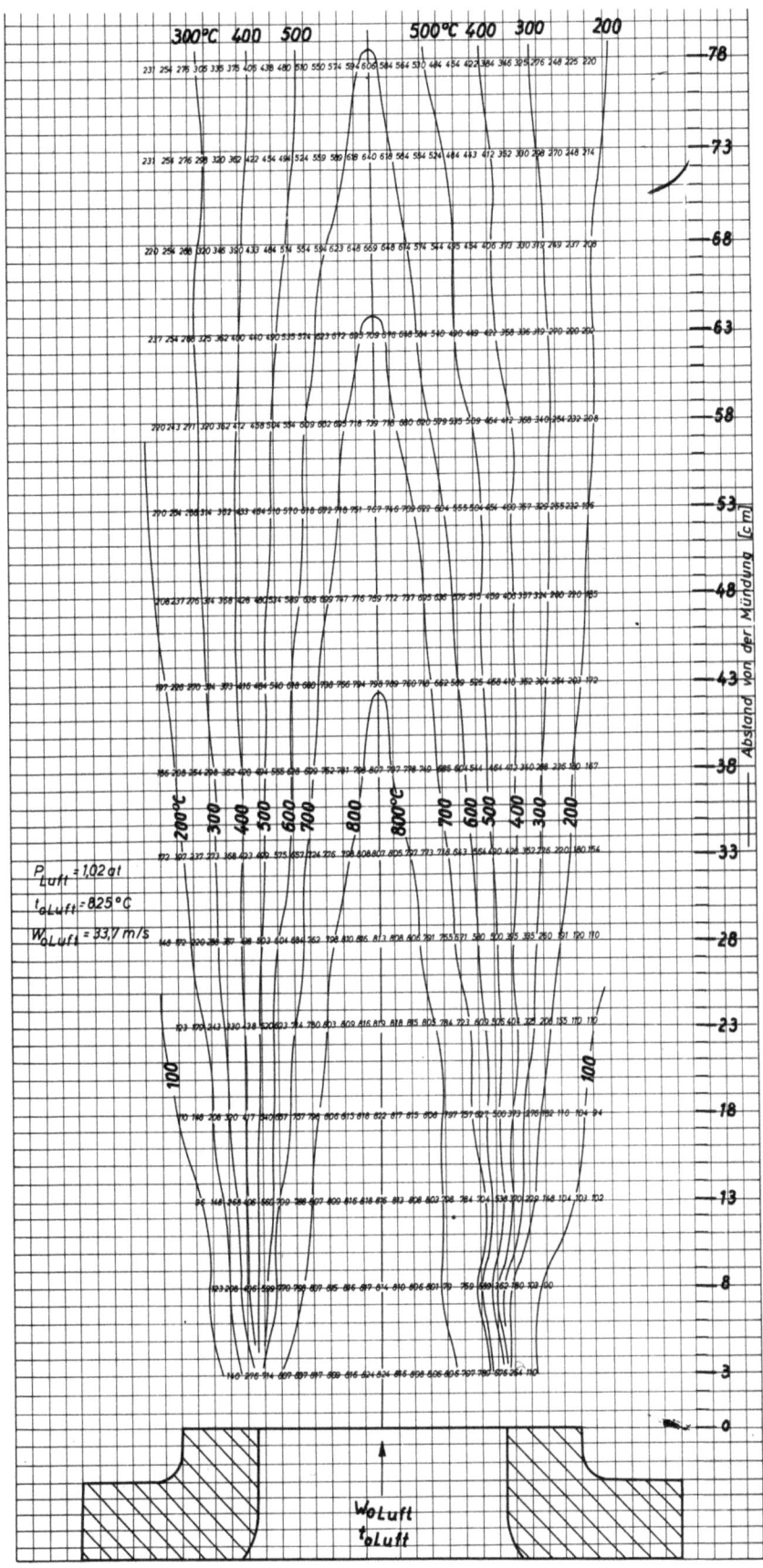

Abbildung 32

Geschwindigkeitsfeld des erhitzten Luftstrahls

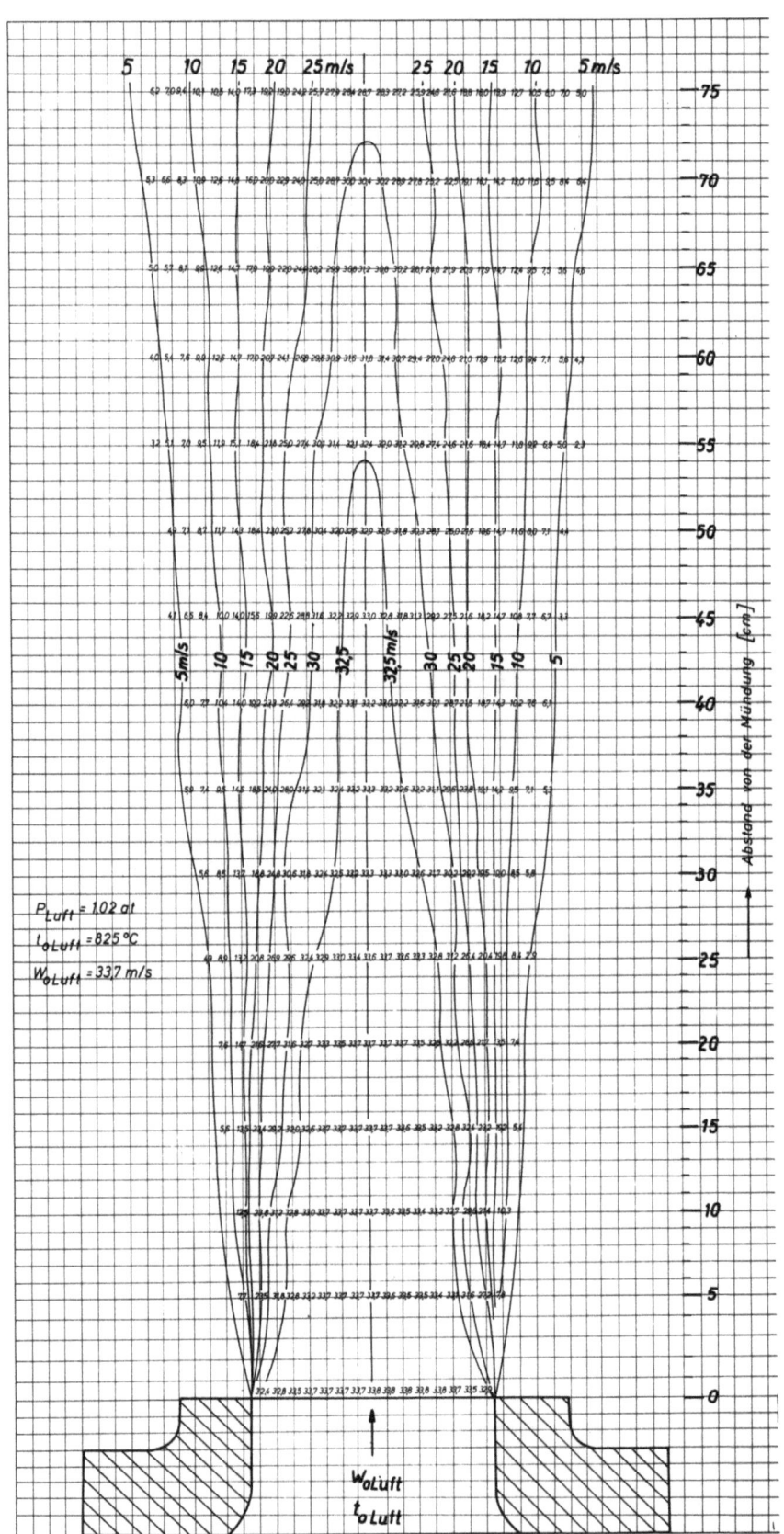

Abbildung 33

Temperaturfeld des erhitzten Luftstrahls

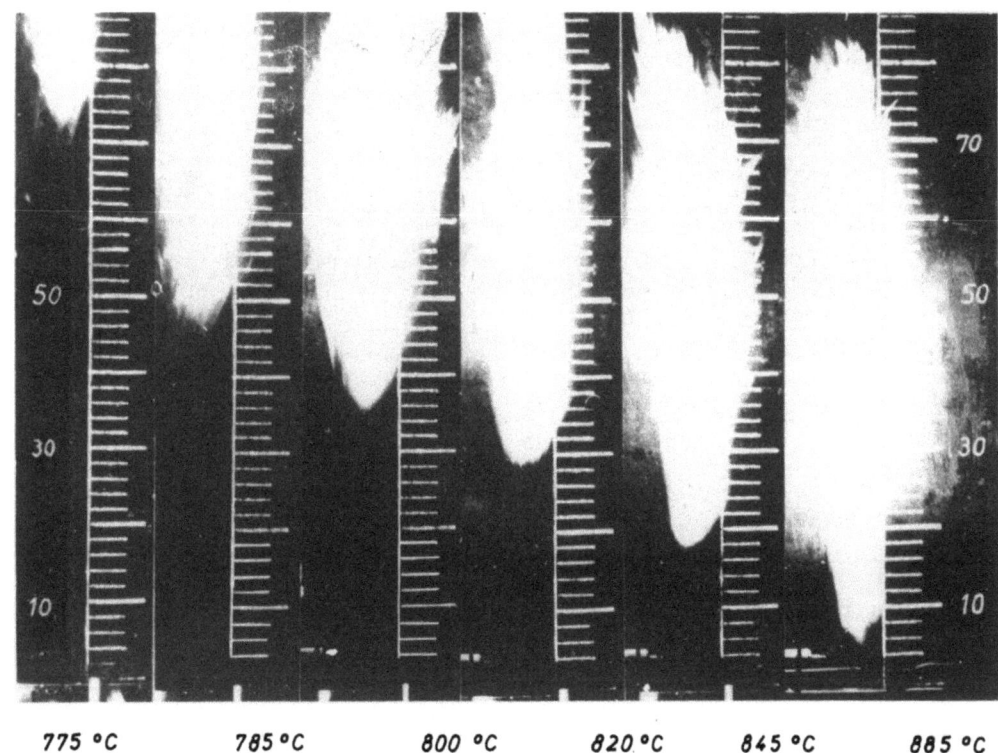

Abbildung 34

Einfluß der Lufttemperatur auf den Abstand der Flammenfront
von der Einspritzstelle (Flammenabstand in cm)

Die Aufnahmen der Abbildung 34 wurden dadurch gewonnen, daß bei konstant gehaltenem Luftdurchsatz und bei konstanter Einspritzmenge die Lufttemperatur des Luftstrahles durch verschieden starke elektrische Aufheizung variiert wurde. Es zeigt sich, daß eine geringfügige Erhöhung der Lufttemperatur die Flammenfront sehr stark auf die Einspritzstelle zu wandern läßt.

Die Abbildung 35 gibt eine Meßreihe wieder, wobei bei konstanter Lufttemperatur und konstantem Luftdurchsatz der Brennstoffdruck vor der Düse und damit auch die Einspritzmenge verändert wurde. Hierdurch bedingt verändert sich gleichzeitig das Verhältnis der eingespritzten Kraftstoffmenge zur Luftmenge, also λ g. Die Aufnahmen lassen erkennen, daß bei höherem Kraftstoffdruck der Abstand der Flammenfront von der Einspritzstelle verkürzt wird.

Um aus diesen Messungen auf die oben definierte Zündverzugszeit schließen zu können, muß eine Integration über den Weg des Kraftstoffes vom Beginn

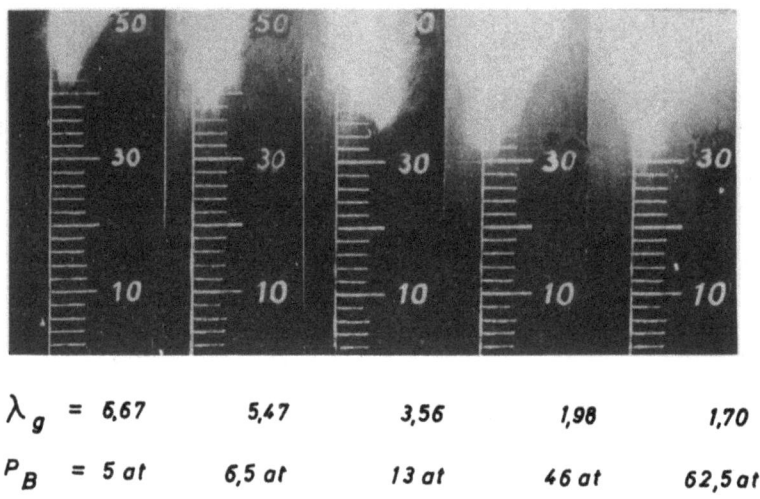

Abbildung 35

Einfluß des Brennstoffdruckes auf den Abstand der Flammenfront von der Einspritzstelle (Flammenabstand in cm)

der Einspritzung an durchgeführtwerden. Legt man die örtliche Luftgeschwindigkeit w_L der Rechnung zugrunde, so ergibt sich für die Auswertung die Gebrauchsformel:

$$\text{Zündverzugszeit } \tau = \int_{x=0}^{x=L} \frac{1}{w_L} \cdot dx - a \quad [\text{sek}]$$

wobei L   den Abstand der Flammenfront von der Einspritzstelle [m]
      w_L die örtliche Luftgeschwindigkeit [m/sek] und
      a   ein Glied zur Berücksichtigung der Axialkomponente der Relativgeschwindigkeit des Kraftstoffes gegenüber der Luft [sek]

bedeuten.

In den Abbildungen 36, 37 und 38 sind Ergebnisse wiedergegeben worden.

Abbildung 37 läßt erkennen, daß die Abhängigkeit des Zündverzuges vom Brennstoffdruck gegenüber seiner Temperaturabhängigkeit relativ gering ist. Höherer Brennstoffdruck und damit feinere Zerstäubung ergeben zunächst kleinere Zündverzugszeiten. Bei stark vergrößertem Brennstoffdruck zeigt sich eine gegenläufige Tendenz, die dadurch erklärbar ist, daß durch die erhöhte Brennstoffzufuhr die Mischung insgesamt fetter wird und, durch die vergrößerte Verdampfung und damit stärkere Abkühlung verursacht, sich wieder größere Verzugszeiten ergeben. Diese gemessene Abhängigkeit vom

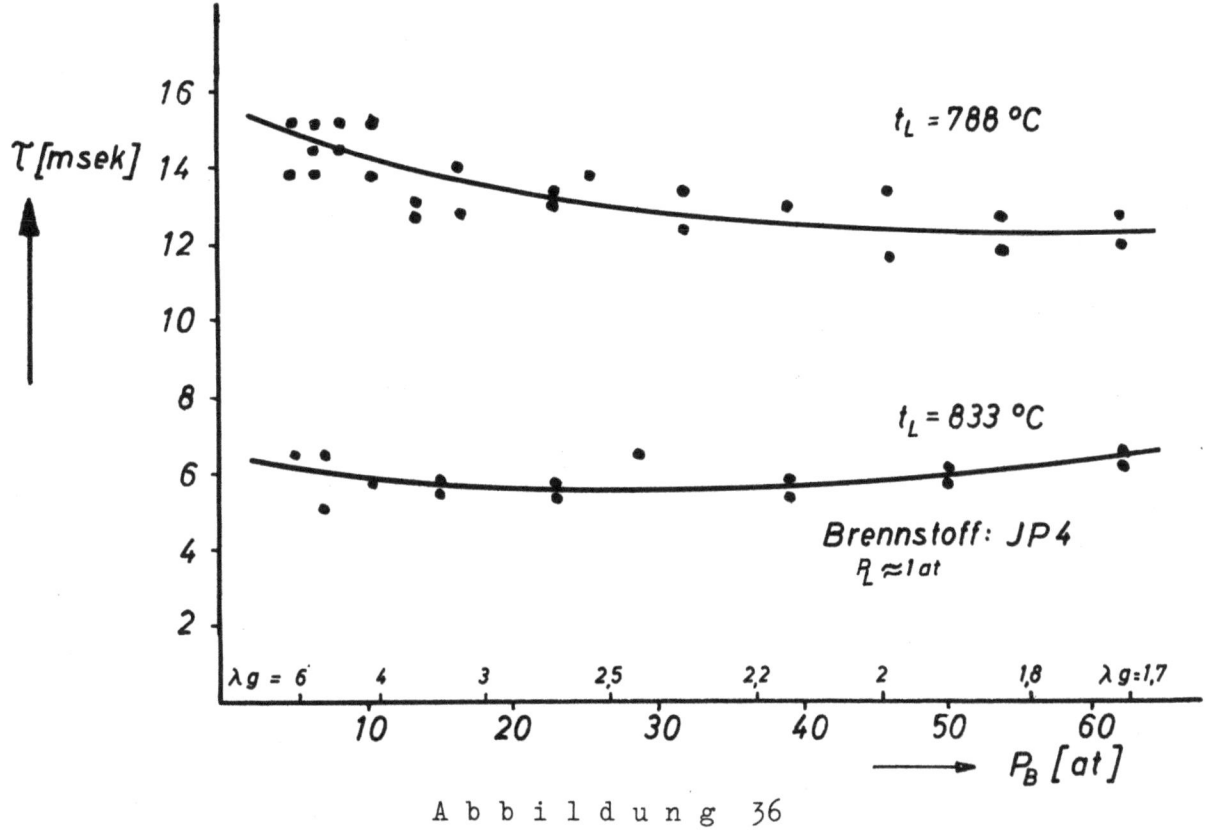

Abbildung 36

Abhängigkeit des Zündverzuges vom Brennstoffdruck

Mischungsverhältnis dürfte auch deshalb so gering sein, da durch die Art der Versuchsanordnung bedingt (Einspritzung von Kraftstoff von einer einzigen Stelle aus) immer ein mehr oder weniger inhomogenes Gemisch entsteht, was im Inneren der Gemischballen stets ein fettes Gemisch aufweist, selbst wenn das Gesamtmischungsverhältnis im armen Bereich liegt. Hierbei wird sich am Gemischrand immer ein Mischungsverhältnis nahe dem stöchiometrischen finden, (also bei günstigsten Zündbedingungen) so daß sich nur eine geringe Abhängigkeit vom Gesamtmischungsverhältnis, hauptsächlich bedingt durch die Abkühlung des Strahlrandes, ergeben kann.

In der Abbildung 37 zeigt sich sehr deutlich die überragende Bedeutung der Temperatur auf die Zündverzugszeit. Unterhalb einer Temperatur von etwa 750°C gelang es beispielsweise überhaupt nicht mehr, den untersuchten Brennstoff (Kerosen JP4) zur Entzündung zu bringen, da die Zündverzugszeit in diesem Bereich vermutlich derart hohe Werte annimmt, daß die Aufenthaltszeit des Kraftstoffes in Gebieten hoher Temperatur einfach nicht zu seiner Selbstzündung ausreichte.

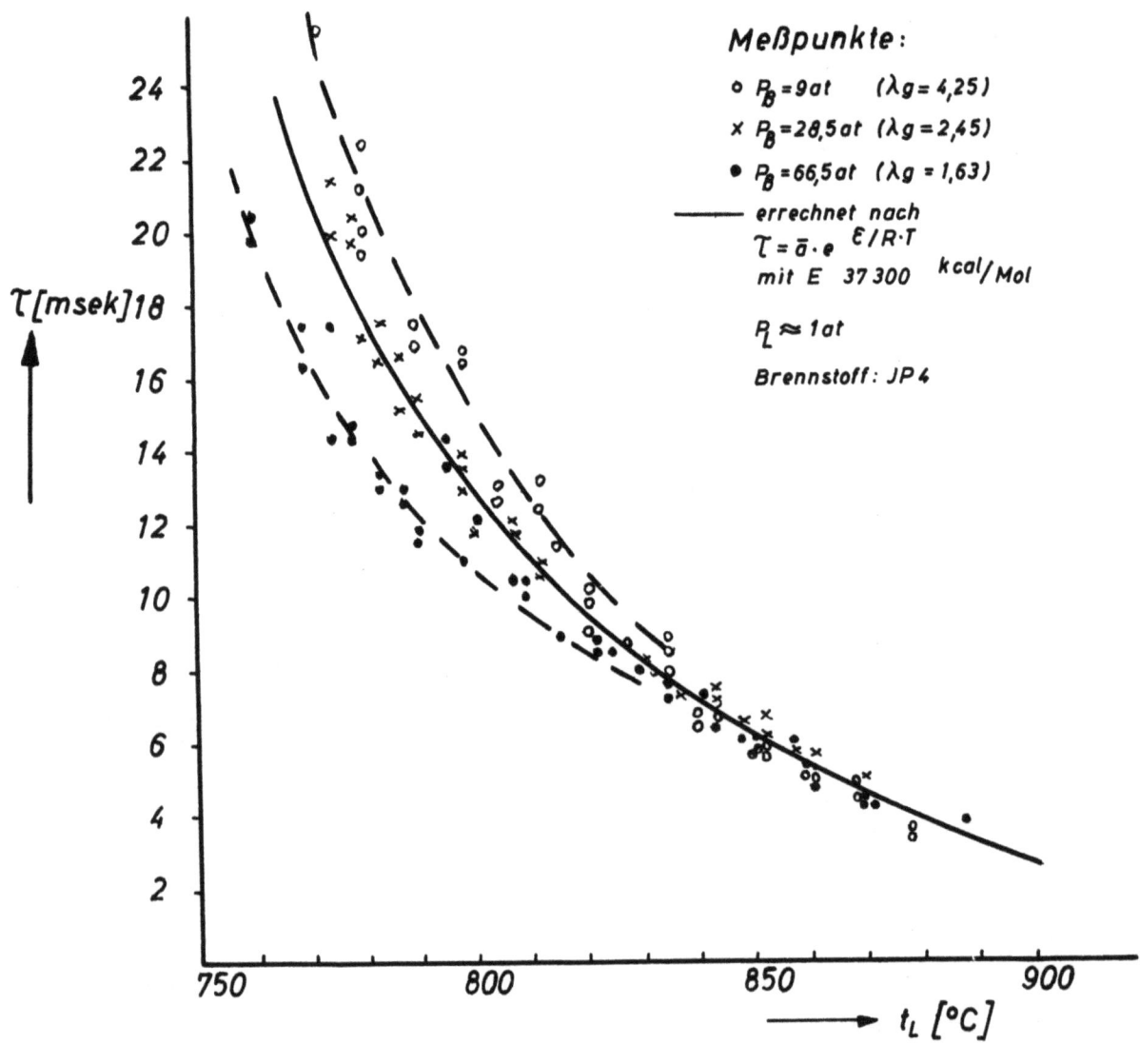

Abbildung 37

Abhängigkeit des Zündverzuges von der Temperatur der Luft

In der nachfolgenden Abbildung sind die Zündverzugszeiten von Kerosen, die in der oben beschriebenen Apparatur gemessen wurden, denjenigen von MULLINS gegenübergestellt worden, die er mit einer auf ähnlichem Prinzip beruhenden Apparatur im National Gas Turbine Establishment in Pyestock, Englang, ermitteln konnte.

In der MULLINSschen Versuchsapparatur geschah die Aufheizung des Gasstromes durch Vorverbrennung in einer vorgeschalteten Brennkammer. Er konnte den Einfluß der Sauerstoffkonzentration dadurch ermitteln, daß er, um den Gasstrom auf einer bestimmten Abgastemperatur zu halten, durch Vorverbrennung zunächst eine höhere Temperatur erzielte und anschließend durch Wassereinspritzung die Temperatur auf den richtigen Wert absenkte. Es muß erwartet werden, daß die nicht geringe Beimengung von Wasserdampf als inertes Gas neben der Sauerstoffkonzentration von nicht unerheblichem Einfluß auf die Zündverzugszeit ist. Ferner ist eine Beeinflussung der Reaktion durch die aus der Vorverbrennung entstandenen Verbrennungsprodukte und eventuell aus noch aktiven Teilchen denkbar. Ein derartiger zusätzlicher Einfluß wird bei elektrischer Aufheizung des Luftstrahles von vornherein ausgeschaltet.

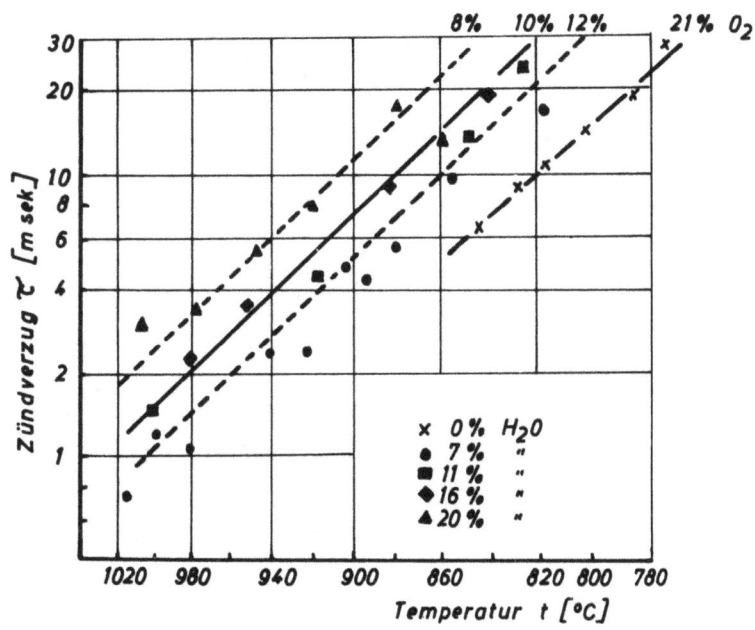

A b b i l d u n g 38

Abhängigkeit des Zündverzuges von der Sauerstoffkonzentration

Messungen von HEITLAND, Messungen von MULLINS

Die Abbildung 38 zeigt, daß eine geringere Sauerstoffkonzentration im Gasstrom den Zündverzug erheblich verlängert. Durch ein Absinken der Sauerstoffkonzentration von 21 % auf 12 % und von 12 % auf 8 % wird die Zündverzugszeit etwa jeweils verdoppelt. Diese Abhängigkeit ist zu beachten, wenn man den Einfluß des Selbstzündungsverhaltens auf die verschiedenartigen

Brennerausführungen (z.B. Brennkammer-Nachbrenner) richtig beurteilen will. Es muß jedoch bemerkt werden, daß wegen der möglichen Unterschiede der in den beiden Apparaturen verwendeten Kerosene die Werte der Abbildung 38 sich noch gegeneinander verschieben können.

Bei den so ermittelten Zündverzugszeiten bleibt die Frage offen, inwieweit eine Rückwirkung von der Flamme aus auf die Vorgänge der Vorreaktionszone vorliegt (z.B. durch den Transport von Wärme, insbesondere durch Strahlung und von aktivierten Teilchen). Eine starke Rückwirkung müßte eine erhebliche Verkürzung der Zündverzugszeiten ergeben. Zur Klärung dieser Fragen wurden mit einer AEG-Schnellaufkamera Aufnahmen über die Selbstzündung von intermittierend eingespritztem Brennstoff durchgeführt. Die nachfolgenden Aufnahmen greifen drei Phasen, und zwar den Anfang, die Mitte und das Ende aus dem gesamten Vorgang der Zündung und Verbrennung von einer einzigen in den Luftstrom erfolgten Einspritzung heraus. Es wurden Aufnahmen (2500 Bilder pro sek) gemacht, wobei die Belichtung allein durch das Eigenlicht der Flamme erfolgte. Der gesamte Vorgang umfaßte etwa 100 Bilder, also eine Zeit von etwa 40×10^{-3} sek.

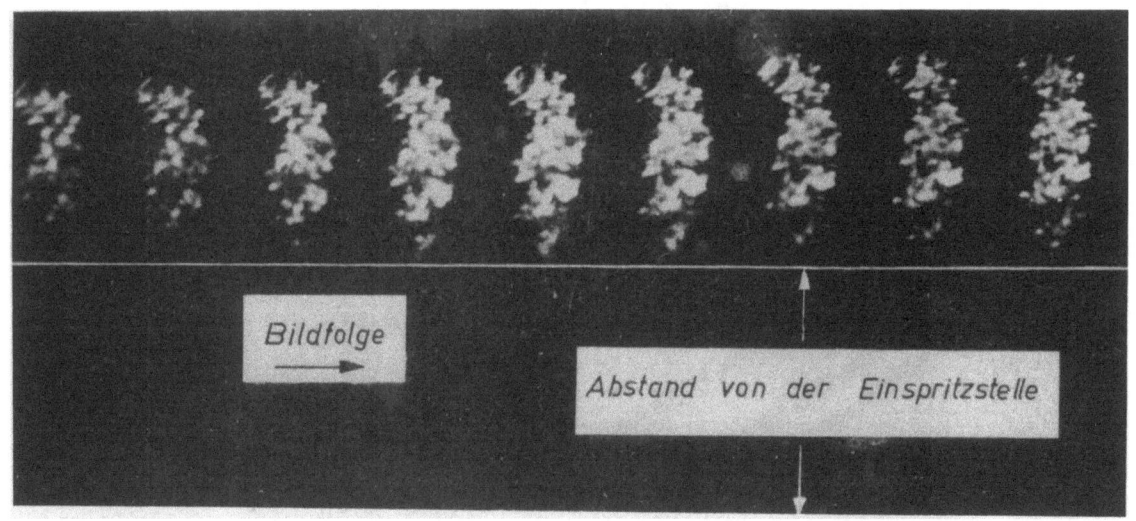

Abbildung 39
Selbstzündungs- und Verbrennungsvorgang einer Einzeleinspritzung
im aufgeheizten Luftstrahl (Beginn der Zündung)

Vom Beginn der Einspritzung an vergeht eine Zeit von etwa 10×10^{-3} sek bis zur ersten Entflammung. Die brennenden Gemischteilchen werden von der Strömung weggetragen. Die später eingespritzten Gemischteilchen gelangen in einem etwas kürzeren Abstand, gemessen von der Einspritzstelle aus, zur Entzündung.

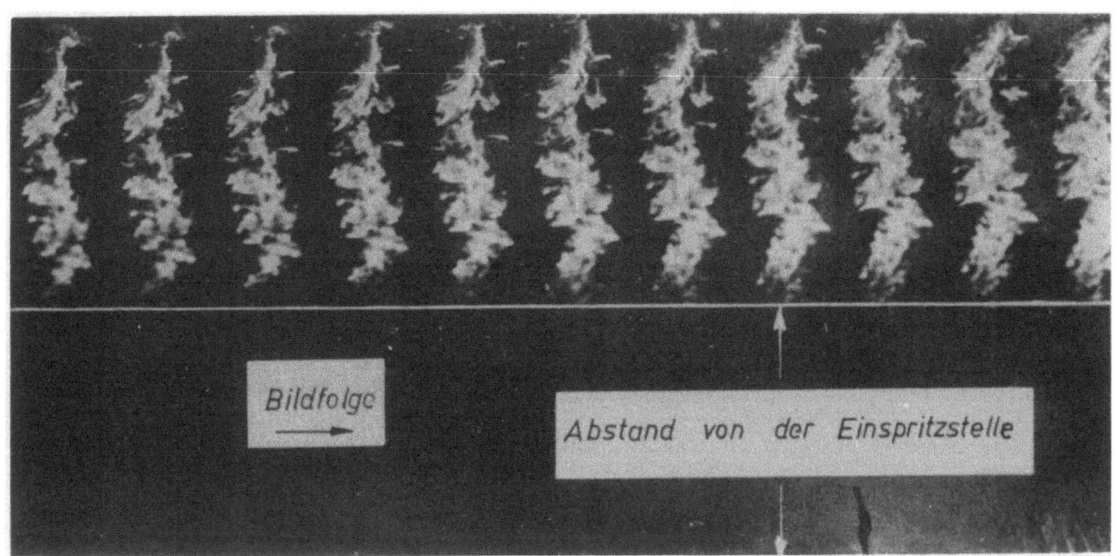

Abbildung 40

Selbstzündungs- und Verbrennungsvorgang einer Einzeleinspritzung im aufgeheizten Luftstrahl (mittlere Phase)

In der mittleren Phase tritt keine wesentliche Veränderung der Lage der Flammenfront auf. Deutlich läßt sich das Wegschwimmen der brennenden Kraftstoffdampf-Luftgemischwolken und die durch die Verbrennung verursachte Turbulenz erkennen.

Diese Aufnahmen lassen auf ein gewisses Nachspritzen der Düse schließen. Der Abstand von der Einspritzstelle aus, in dem die Nachspritzmengen zur Entzündung gelangen, hat sich gegenüber dem normalen Abstand (mittlere Phase) etwas vergrößert.

Es läßt sich also feststellen, daß sowohl die ersten als auch die letzten von den insgesamt bei der Einzeleinspritzung in den Luftraum eingebrachten Brennstoffteilchen längere Zündverzugszeiten haben. Das kann für den zuerst eingebrachten Brennstoff sowohl an der fehlenden Flamme als auch an der zu Beginn der Einspritzung allgemein schlechteren Zerstäubung liegen. Bei den zuletzt eingespritzten Brennstoff ist zweifelsohne die schlechtere Zerstäubung die Hauptursache.

Forschungsberichte des Wirtschafts- und Verkehrsministeriums Nordrhein-Westfalen

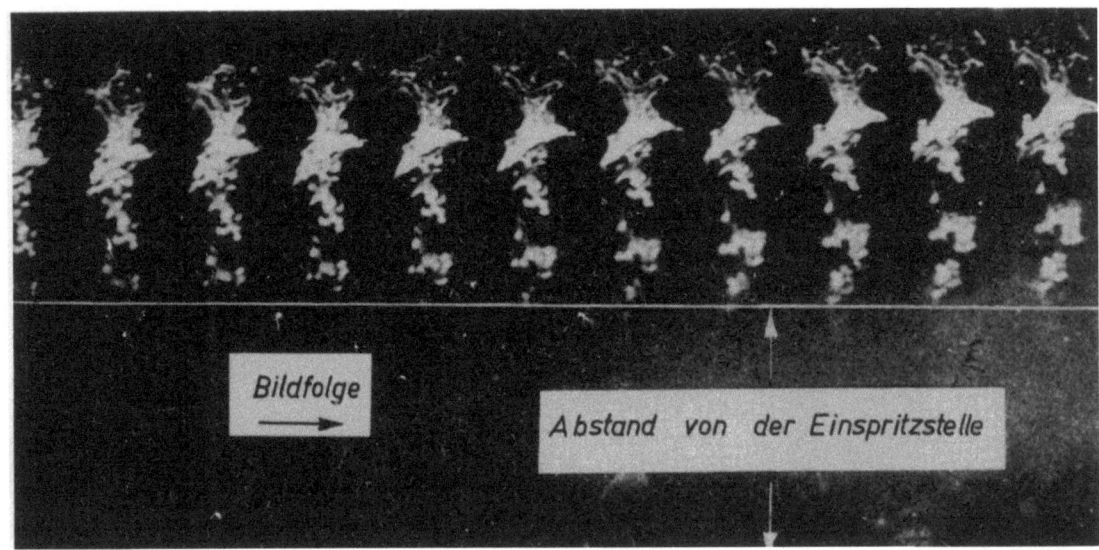

Abbildung 41

Selbstzündungs- und Verbrennungsvorgang einer Einzeleinspritzung im aufgeheizten Luftstrahl (Endphase)

Abschließend läßt sich somit sagen, daß ein geringerer Einfluß der Flamme auf die Zündverzugszeit aus diesen Versuchen wahrscheinlich ist, der aber gegenüber den Haupteinflußgrößen, z.B. der Lufttemperatur, von untergeordneter Bedeutung ist.

Auf diesem Wege läßt sich in verhältnismäßig einfacher Weise für die üblichen Brennkammerkraftstoffe die Zündverzugszeit bestimmen. Die Bedeutung der Zündverzugszeiten für die Verbrennung ist dadurch gegeben, daß es in schnellen Strömungen nur dann gelingt, eine Verbrennung einzuleiten und aufrecht zu erhalten, wenn die für diese Räume maßgeblichen Zündverzugszeiten, die vorwiegend durch die mittlere Temperatur und den mittleren Druck bestimmt werden, kürzer sind als die mittleren Verweilzeiten. Nur durch weitere systematische Erforschung des Selbstzündungsverhaltens der verschiedensten Kraftstoffe unter den verschiedensten Bedingungen kann es in Verbindung mit dem Studium der Verweilzeiten gelingen, das Verbrennungsverhalten richtig vorauszuberechnen und Grundlagen für die Dimensionierung der Brenner zu gewinnen.

Dipl.-Ing. Werner ZIMMER
Dr.-Ing. Herbert HEITLAND

FORSCHUNGSBERICHTE
DES WIRTSCHAFTS- UND VERKEHRSMINISTERIUMS
NORDRHEIN-WESTFALEN

Herausgegeben von Staatssekretär Prof. Dr. h. c. Leo Brandt

HEFT 1
Prof. Dr.-Ing. E. Flegler, Aachen
Untersuchungen oxydischer Ferromagnet-Werkstoffe
1952, 20 Seiten, DM 6,75

HEFT 2
Prof. Dr. W. Fuchs, Aachen
Untersuchungen über absatzfreie Teeröle
1952, 32 Seiten, 5 Abb., 6 Tabellen, DM 10,—

HEFT 3
Techn.-Wissenschaftl. Büro für die Bastfaserindustrie, Bielefeld
Untersuchungsarbeiten zur Verbesserung des Leinenwebstuhls
1952, 44 Seiten, 7 Abb., 3 Tabellen, DM 12,50

HEFT 4
Prof. Dr. E. A. Müller und Dipl.-Ing. H. Spitzer, Dortmund
Untersuchungen über die Hitzebelastung in Hüttenbetrieben
1952, 28 Seiten, 5 Abb., 1 Tabelle, DM 9,—

HEFT 5
Dipl.-Ing. W. Fister, Aachen
Prüfstand der Turbinenuntersuchungen
1952, 40 Seiten, 30 Abb., 3 Schaltbilder, DM 1,—

HEFT 6
Prof. Dr. W. Fuchs, Aachen
Untersuchungen über die Zusammensetzung und Verwendbarkeit von Schwelteerfraktionen
1952, 36 Seiten, DM 10,50

HEFT 7
Prof. Dr. W. Fuchs, Aachen
Untersuchungen über emsländisches Petrolatum
1952, 36 Seiten, 1 Abb., 17 Tabellen, DM 10,50

HEFT 8
M. E. Meffert und H. Stratmann, Essen
Algen-Großkulturen im Sommer 1951
1953, 52 Seiten, 4 Abb., 20 Tabellen, DM 9,75

HEFT 9
Techn.-Wissenschaftl. Büro für die Bastfaserindustrie, Bielefeld
Untersuchungen über die zweckmäßige Wicklungsart von Leinengarnkreuzspulen unter Berücksichtigung der Anwendung hoher Geschwindigkeiten des Garnes
Vorversuche für Zetteln und Schären von Leinengarnen auf Hochleistungsmaschinen
1952, 48 Seiten, 7 Abb., 7 Tabellen, DM 9,25

HEFT 10
Prof. Dr. W. Vogel, Köln
„Das Streifenpaar" als neues System zur mechanischen Vergrößerung kleiner Verschiebungen und seine technischen Anwendungsmöglichkeiten
1953, 20 Seiten, 6 Abb., DM 4,50

HEFT 11
Laboratorium für Werkzeugmaschinen und Betriebslehre, Technische Hochschule Aachen
1. Untersuchungen über Metallbearbeitung im Fräsvorgang mit Hartmetallwerkzeugen und negativem Spanwinkel
2. Weiterentwicklung des Schleifverfahrens für die Herstellung von Präzisionswerkstücken unter Vermeidung hoher Temperaturen
3. Untersuchung von Oberflächenveredlungsverfahren zur Steigerung der Belastbarkeit hochbeanspruchter Bauteile
1953, 80 Seiten, 61 Abb., DM 15,75

HEFT 12
Elektrowärme-Institut, Langenberg (Rhld.)
Induktive Erwärmung mit Netzfrequenz
1952, 22 Seiten, 6 Abb., DM 5,20

HEFT 13
Techn.-Wissenschaftl. Büro für die Bastfaserindustrie, Bielefeld
Das Naßspinnen von Bastfasergarnen mit chemischen Zusätzen zum Spinnbad
1953, 52 Seiten, 4 Abb., 19 Tabellen, DM 10,—

HEFT 14
Forschungsstelle für Acetylen, Dortmund
Untersuchungen über Aceton als Lösungsmittel für Acetylen
1952, 64 Seiten, 10 Abb., 26 Tabellen, DM 12,25

HEFT 15
Wäschereiforschung Krefeld
Trocknen von Wäschestoffen
1953, 48 Seiten, 14 Abb., 2 Tabellen, DM 9,—

HEFT 16
Max-Planck-Institut für Kohlenforschung, Mülheim a. d. Ruhr
Arbeiten des MPI für Kohlenforschung
1953, 104 Seiten, 9 Abb., DM 17,80

HEFT 17
Ingenieurbüro Herbert Stein, M.-Gladbach
Untersuchung der Verzugsvorgänge in den Streckwerken verschiedener Spinnereimaschinen. 1. Bericht: Vergleichende Prüfung mit verschiedenen Dickenmeßgeräten
1952, 36 Seiten, 15 Abb., DM 8,—

HEFT 18
Wäschereiforschung Krefeld
Grundlagen zur Erfassung der chemischen Schädigung beim Waschen
1953, 68 Seiten, 15 Abb., 15 Tabellen, DM 12,75

HEFT 19
Techn.-Wissenschaftl. Büro für die Bastfaserindustrie, Bielefeld
Die Auswirkung des Schlichtens von Leinengarnketten auf den Verarbeitungswirkungsgrad, sowie die Festigkeit und Dehnungsverhältnisse der Garne und Gewebe
1953, 48 Seiten, 1 Abb., 9 Tabellen, DM 9,—

HEFT 20
Techn.-Wissenschaftl. Büro für die Bastfaserindustrie, Bielefeld
Trocknung von Leinengarnen I
Vorgang und Einwirkung auf die Garnqualität
1953, 62 Seiten, 18 Abb., 5 Tabellen, DM 12,—

HEFT 21
Techn.-Wissenschaftl. Büro für die Bastfaserindustrie, Bielefeld
Trocknung von Leinengarnen II
Spulenanordnung und Luftführung beim Trocknen von Kreuzspulen
1953, 66 Seiten, 22 Abb., 9 Tabellen, DM 13,—

HEFT 22
Techn.-Wissenschaftl. Büro für die Bastfaserindustrie, Bielefeld
Die Reparaturanfälligkeit von Webstühlen
1953, 28 Seiten, 7 Abb., 5 Tabellen, DM 5,80

HEFT 23
Institut für Starkstromtechnik, Aachen
Rechnerische und experimentelle Untersuchungen zur Kenntnis der Metadyne als Umformer von konstanter Spannung auf konstanten Strom
1953, 52 Seiten, 20 Abb., 4 Tafeln, DM 9,50

HEFT 24
Institut für Starkstromtechnik, Aachen
Vergleich verschiedener Generator-Metadyne-Schaltungen in bezug auf statisches Verhalten
1952, 44 Seiten, 23 Abb., DM 8,50

HEFT 25
Gesellschaft für Kohlentechnik mbH., Dortmund-Eving
Struktur der Steinkohlen und Steinkohlen-Kokse
1953, 58 Seiten, DM 11,—

HEFT 26
Techn.-Wissenschaftl. Büro für die Bastfaserindustrie, Bielefeld
Vergleichende Untersuchungen zweier neuzeitlicher Ungleichmäßigkeitsprüfer für Bänder und Garne hinsichtlich ihrer Eignung für die Bastfaserspinnerei
1953, 64 Seiten, 30 Abb., DM 12,50

HEFT 27
Prof. Dr. E. Schratz, Münster
Untersuchungen zur Rentabilität des Arzneipflanzenanbaues Römische Kamille, Anthemis nobilis L.
1953, 16 Seiten, 1 Tabelle, DM 3,60

HEFT 28
Prof. Dr. E. Schratz, Münster
Calendula officinalis L. Studien zur Ernährung, Blütenfüllung und Rentabilität der Drogengewinnung
1953, 24 Seiten, 2 Abb., 3 Tabellen, DM 5,20

HEFT 29
Techn.-Wissenschaftl. Büro für die Bastfaserindustrie, Bielefeld
Die Ausnützung der Leinengarne in Geweben
1953, 100 Seiten, 14 Abb., 10 Tabellen, DM 17,80

HEFT 30
Gesellschaft für Kohlentechnik mbH., Dortmund-Eving
Kombinierte Entaschung und Verschwelung von Steinkohle; Aufarbeitung von Steinkohlenschlämmen zu verkokbarer oder verschwelbarer Kohle
1953, 56 Seiten, 16 Abb., 10 Tabellen, DM 10,50

HEFT 31
Dipl.-Ing. A. Stormanns, Essen
Messung des Leistungsbedarfs von Doppelsteg-Kettenförderern
1954, 54 Seiten, 18 Abb., 3 Anlagen, DM 11,—

HEFT 32
Techn.-Wissenschaftl. Büro für die Bastfaserindustrie, Bielefeld
Der Einfluß der Natriumchloridbleiche auf Qualität und Verwebbarkeit von Leinengarnen und die Eigenschaften der Leinengewebe unter besonderer Berücksichtigung des Einsatzes von Schützen- und Spulenwechselautomaten in der Leinenweberei
1953, 64 Seiten, 2 Abb., 12 Tabellen, DM 11,50

HEFT 33
Kohlenstoffbiologische Forschungsstation e. V.
Eine Methode zur Bestimmung von Schwefeldioxyd und Schwefelwasserstoff in Rauchgasen und in der Atmosphäre
1953, 32 Seiten, 8 Abb., 3 Tabellen, DM 6,50

HEFT 34
Textilforschungsanstalt Krefeld
Quellungs- und Entquellungsvorgänge bei Faserstoffen
1953, 52 Seiten, 13 Abb., 13 Tabellen, DM 9,80

WESTDEUTSCHER VERLAG · KÖLN UND OPLADEN

HEFT 35
Professor Dr. W. Kast, Krefeld
Feinstrukturuntersuchungen an künstlichen Zellulosefasern verschiedener Herstellungsverfahren. Teil I: Der Orientierungszustand
1953, 74 Seiten, 30 Abb., 7 Tabellen, DM 13,80

HEFT 36
Forschungsinstitut der feuerfesten Industrie, Bonn
Untersuchungen über die Trocknung von Rohton
Untersuchungen über die chemische Reinigung von Silika- und Schamotte-Rohstoffen mit chlorhaltigen Gasen
1953, 60 Seiten, 5 Abb., 5 Tabellen, DM 11,—

HEFT 37
Forschungsinstitut der feuerfesten Industrie, Bonn
Untersuchungen über den Einfluß der Probenvorbereitung auf die Kaltdruckfestigkeit feuerfester Steine
1953, 40 Seiten, 2 Abb., 5 Tabellen, DM 7,80

HEFT 38
Forschungsstelle für Acetylen, Dortmund
Untersuchungen über die Trocknung von Acetylen zur Herstellung von Dissousgas
1953, 36 Seiten, 11 Abb., 3 Tabellen, DM 6,80

HEFT 39
Forschungsgesellschaft Blechverarbeitung e. V., Düsseldorf
Untersuchungen an prägegemusterten und vorgelochten Blechen
1953, 46 Seiten, 34 Abb., DM 9,50

HEFT 40
Landesgeologe Dr.-Ing. W. Wolff, Amt für Bodenforschung, Krefeld
Untersuchungen über die Anwendbarkeit geophysikalischer Verfahren zur Untersuchung von Spateisengängen im Siegerland
1953, 46 Seiten, 8 Abb., DM 8,80

HEFT 41
Techn.-Wissenschaftl. Büro für die Bastfaserindustrie, Bielefeld
Untersuchungsarbeiten zur Verbesserung des Leinenwebstuhles II
1953, 40 Seiten, 4 Abb., 5 Tabellen, DM 7,80

HEFT 42
Professor Dr. B. Helferich, Bonn
Untersuchungen über Wirkstoffe — Fermente — in der Kartoffel und die Möglichkeit ihrer Verwendung
1953, 58 Seiten, 9 Abb., DM 11,—

HEFT 43
Forschungsgesellschaft Blechverarbeitung e. V., Düsseldorf
Forschungsergebnisse über das Beizen von Blechen
1953, 48 Seiten, 38 Abb., 2 Tabellen, DM 11,30

HEFT 44
Arbeitsgemeinschaft für praktische Dehnungsmessung, Düsseldorf
Eigenschaften und Anwendungen von Dehnungsmeßstreifen
1953, 68 Seiten, 43 Abb., 2 Tabellen, DM 13,70

HEFT 45
Losenhausenwerk Düsseldorfer Maschinenbau AG., Düsseldorf
Untersuchungen von störenden Einflüssen auf die Lastgrenzenanzeige von Dauerschwingprüfmaschinen
1953, 36 Seiten, 11 Abb., 3 Tabellen, DM 7,25

HEFT 46
Prof. Dr. W. Fuchs, Aachen
Untersuchungen über die Aufbereitung von Wasser für die Dampferzeugung in Benson-Kesseln
1953, 58 Seiten, 18 Abb., 9 Tabellen, DM 11,20

HEFT 47
Prof. Dr.-Ing. K. Krekeler, Aachen
Versuche über die Anwendung der induktiven Erwärmung zum Sintern von hochschmelzenden Metallen sowie zur Anlegierung und Vergütung mit aufgespritzten Metallschichten mit dem Grundwerkstoff
1954, 66 Seiten, 39 Abb., DM 13,90

HEFT 48
Max-Planck-Institut für Eisenforschung, Düsseldorf
Spektrochemische Analyse der Gefügebestandteile in Stählen nach ihrer Isolierung
1953, 38 Seiten, 8 Abb., 5 Tabellen, DM 7,80

HEFT 49
Max-Planck-Institut für Eisenforschung, Düsseldorf
Untersuchungen über den Ablauf der Desoxydation und die Bildung von Einschlüssen in Stählen
1953, 52 Seiten, 19 Abb., 3 Tabellen, DM 12,40

HEFT 50
Max-Planck-Institut für Eisenforschung, Düsseldorf
Flammenspektralanalytische Untersuchung der Ferritzusammensetzung in Stählen
1953, 44 Seiten, 15 Abb., 4 Tabellen, DM 8,60

HEFT 51
Verein zur Förderung von Forschungs- und Entwicklungsarbeiten in der Werkzeugindustrie e. V., Remscheid
Untersuchungen an Kreissägeblättern für Holz, Fehler- und Spannungsprüfverfahren
1953, 50 Seiten, 23 Abb., DM 10,—

HEFT 52
Forschungsstelle für Acetylen, Dortmund
Untersuchungen über den Umsatz bei der explosiblen Zersetzung von Azetylen
 a) Zersetzung von gasförmigem Azetylen
 b) Zersetzung von an Silikagel absorbiertem Azetylen
1954, 48 Seiten, 8 Abb., 10 Tabellen, DM 9,25

HEFT 53
Professor Dr.-Ing. H. Opitz, Aachen
Reibwert und Verschleißmessungen an Kunststoffgleitführungen für Werkzeugmaschinen
1954, 38 Seiten, 18 Abb., DM 8,20

HEFT 54
Professor Dr.-Ing. F. A. F. Schmidt, Aachen
Schaffung von Grundlagen für die Erhöhung der spez. Leistung und Herabsetzung des spez. Brennstoffverbrauches bei Ottomotoren mit Teilbericht über Arbeiten an einem neuen Einspritzverfahren
1954, 34 Seiten, 15 Abb., DM 7,40

HEFT 55
Forschungsgesellschaft Blechverarbeitung e. V., Düsseldorf
Chemisches Glänzen von Messing und Neusilber
1954, 50 Seiten, 21 Abb., 1 Tabelle, DM 10,20

HEFT 56
Forschungsgesellschaft Blechverarbeitung e. V., Düsseldorf
Untersuchungen über einige Probleme der Behandlung von Blechoberflächen
1954, 52 Seiten, 42 Abb., DM 11,20

HEFT 57
Prof. Dr.-Ing. F. A. F. Schmidt, Aachen
Untersuchungen zur Erforschung des Einflusses des chemischen Aufbaues des Kraftstoffes auf sein Verhalten im Motor und in Brennkammern von Gasturbinen
1954, 70 Seiten, 32 Abb., DM 14,60

HEFT 58
Gesellschaft für Kohlentechnik mbH., Dortmund
Herstellung und Untersuchung von Steinkohlenschwelteer
1954, 74 Seiten, 9 Abb., 9 Tabellen, DM 13,75

HEFT 59
Forschungsinstitut der Feuerfest-Industrie. e. V., Bonn
Ein Schnellanalysenverfahren zur Bestimmung von Aluminiumoxyd, Eisenoxyd und Titanoxyd in feuerfestem Material mittels organischer Farbreagenzien auf photometrischem Wege
Untersuchungen des Alkali-Gehaltes feuerfester Stoffe mit dem Flammenphotometer nach Riehm-Lange
1954, 62 Seiten, 12 Abb., 3 Tabellen, DM 11,60

HEFT 60
Forschungsgesellschaft Blechverarbeitung e. V., Düsseldorf
Untersuchungen über das Spritzlackieren im elektrostatischen Hochspannungsfeld
1954, 82 Seiten, 53 Abb., 7 Tabellen, DM 17,—

HEFT 61
Verein zur Förderung von Forschungs- und Entwicklungsarbeiten in der Werkzeugindustrie e. V., Remscheid
Schwingungs- und Arbeitsverhalten von Kreissägeblättern für Holz
1954, 54 Seiten, 31 Abb., DM 11,40

HEFT 62
Professor Dr. W. Franz, Institut für theoretische Physik der Universität Münster
Berechnung des elektrischen Durchschlags durch feste und flüssige Isolatoren
1954, 36 Seiten, DM 7,—

HEFT 63
Textilforschungsanstalt Krefeld
Neue Methoden zur Untersuchung der Wirkungsweise von Textilhilfsmitteln
Untersuchungen über Schlichtungs- und Entschlichtungsvorgänge
1954, 34 Seiten, 1 Abb., 5 Tabellen, DM 6,80

HEFT 64
Textilforschungsanstalt Krefeld
Die Kettenlängenverteilung von hochpolymeren Faserstoffen
Über die fraktionierte Fällung von Polyamiden
1954, 44 Seiten, 13 Abb., DM 8,60

HEFT 65
Fachverband Schneidwarenindustrie, Solingen
Untersuchungen über das elektrolytische Polieren von Tafelmesserklingen aus rostfreiem Stahl
1954, 90 Seiten, 38 Abb., 9 Tabellen, DM 17,35

HEFT 66
Dr.-Ing. P. Füsgen VDI †, Düsseldorf
Untersuchungen über das Auftreten des Ratterns bei selbsthemmenden Schneckengetrieben und seine Verhütung
1954, 32 Seiten, 5 Abb., DM 6,60

HEFT 67
Heinrich Wösthoff o. H. G., Apparatebau, Bochum
Entwicklung einer chemisch-physikalischen Apparatur zur Bestimmung kleinster Kohlenoxyd-Konzentrationen
1954, 94 Seiten, 48 Abb., 2 Tabellen, DM 18,25

HEFT 68
Kohlenstoffbiologische Forschungsstation e. V., Essen
Algengroßkulturen im Sommer 1952
II. Über die unsterile Großkultur von Scenedesmus obliquus
1954, 62 Seiten, 3 Abb., 29 Tabellen, DM 11,40

HEFT 69
Wäschereiforschung Krefeld
Bestimmung des Faserabbaues bei Leinen unter besonderer Berücksichtigung der Leinengarnbleiche
1954, 48 Seiten, 15 Abb., 3 Tabellen, DM 9,60

HEFT 70
Wäschereiforschung Krefeld
Trocknen von Wäschestoffen
1954, 52 Seiten, 18 Abb., 3 Tabellen, DM 10,—

HEFT 71
Prof. Dr.-Ing. K. Leist, Aachen
Kleingasturbinen, insbesondere zum Fahrzeugantrieb
1954, 114 Seiten, 85 Abb., DM 22,—

HEFT 72
Prof. Dr.-Ing. K. Leist, Aachen
Beitrag zur Untersuchung von stehenden geraden Turbinengittern mit Hilfe von Druckverteilungsmessungen
1954, 152 Seiten, 111 Abb., DM 36,20

HEFT 73
Prof. Dr.-Ing. K. Leist, Aachen
Spannungsoptische Untersuchungen von Turbinenschaufelfüßen
1954, 66 Seiten, 46 Abb., 2 Tabellen, DM 14,60

HEFT 74
Max-Planck-Institut für Eisenforschung, Düsseldorf
Versuche zur Klärung des Umwandlungsverhaltens eines sonderkarbidbildenden Chromstahls
1954, 58 Seiten, 10 Abb., DM 14,—

HEFT 75
Max-Planck-Institut für Eisenforschung, Düsseldorf
Zeit-Temperatur-Umwandlungs-Schaubilder als Grundlage der Wärmebehandlung der Stähle
1954, 44 Seiten, 13 Abb., DM 8,70

HEFT 76
Max-Planck-Institut für Arbeitsphysiologie, Dortmund
Arbeitstechnische und arbeitsphysiologische Rationalisierung von Mauersteinen
1954, 52 Seiten, 12 Abb., 3 Tabellen, DM 10,20

HEFT 77
Meteor Apparatebau Paul Schmeck GmbH., Siegen
Entwicklung von Leuchtstoffröhren hoher Leistung
1954, 46 Seiten, 12 Abb., 2 Tabellen, DM 9,15

HEFT 78
Forschungsstelle für Acetylen, Dortmund
Über die Zustandsgleichung des gasförmigen Acetylens und das Gleichgewicht Acetylen — Aceton
1954, 42 Seiten, 3 Abb., 8 Tabellen, DM 8,—

HEFT 79
Techn.-Wissenschaftl. Büro für die Bastfaserindustrie, Bielefeld
Trocknung von Leinengarnen III
Spinnspulen- und Spinnkopstrocknung
Vorgang und Einwirkung auf die Garnqualität
1954, 74 Seiten, 18 Abb., 10 Tabellen, DM 14,—

WESTDEUTSCHER VERLAG · KÖLN UND OPLADEN

HEFT 80
Techn.-Wissenschaftl. Büro für die Bastfaserindustrie, Bielefeld
Die Verarbeitung von Leinengarn auf Webstühlen mit und ohne Oberbau
1954, 30 Seiten, 2 Abb., 2 Tabellen, DM 6,—

HEFT 81
Prüf- und Forschungsinstitut für Ziegeleierzeugnisse, Essen-Kray
Die Einführung des großformatigen Einheits-Gitterziegels im Lande Nordrhein-Westfalen
1954, 54 Seiten, 2 Abb., 2 Tabellen, DM 10,—

HEFT 82
Vereinigte Aluminium-Werke AG., Bonn
Forschungsarbeiten auf dem Gebiet der Veredelung von Aluminium-Oberflächen
1954, 46 Seiten, 34 Abb., DM 9,60

HEFT 83
Prof. Dr. S. Strugger, Münster
Über die Struktur der Proplastiden
1954, 30 Seiten, 15 Abb., DM 8,40

HEFT 84
Dr. H. Baron, Düsseldorf
Über Standardisierung von Wundtextilien
1954, 32 Seiten, DM 6,40

HEFT 85
Textilforschungsanstalt Krefeld
Physikalische Untersuchungen an Fasern, Fäden, Garnen und Geweben:
Untersuchungen am Knickscheuergerät nach Weltzien
1954, 40 Seiten, 11 Abb., 8 Tabellen, DM 10,—

HEFT 86
Prof. Dr.-Ing. H. Opitz, Aachen
Untersuchungen über das Fräsen von Baustahl sowie über den Einfluß des Gefüges auf die Zerspanbarkeit
1954, 108 Seiten, 73 Abb., 7 Tabellen, DM 22,—

HEFT 87
Gemeinschaftsausschuß Verzinken, Düsseldorf
Untersuchungen über Güte von Verzinkungen
1954, 68 Seiten, 56 Abb., 3 Tabellen, DM 15,30

HEFT 88
Gesellschaft für Kohlentechnik mbH., Dortmund-Eving
Oxydation von Steinkohle mit Salpetersäure
1954, 62 Seiten, 2 Abb., 1 Tabelle, DM 11,50

HEFT 89
Verein Deutscher Ingenieure, Gleitlagerforschung, Düsseldorf und Prof. Dr.-Ing. G. Vogelpohl, Göttingen
Versuche mit Preßstoff-Lagern für Walzwerke
1954, 70 Seiten, 34 Abb., DM 14,10

HEFT 90
Forschungs-Institut der Feuerfest-Industrie, Bonn
Das Verhalten von Silikasteinen im Siemens-Martin-Ofengewölbe
1954, 62 Seiten, 15 Abb., 11 Tabellen, DM 11,90

HEFT 91
Forschungs-Institut der Feuerfest-Industrie, Bonn
Untersuchungen des Zusammenhangs zwischen Leistung und Kohlenverbrauch von Kammeröfen zum Brennen von feuerfesten Materialien
1954, 42 Seiten, 6 Abb., DM 8,30

HEFT 92
Techn.-Wissenschaftl. Büro für die Bastfaserindustrie, Bielefeld und Laboratorium für textile Meßtechnik, M.-Gladbach
Messungen von Vorgängen am Webstuhl
1954, 76 Seiten, 45 Abb., DM 15,50

HEFT 93
Prof. Dr. W. Kast, Krefeld
Spinnversuche zur Strukturerfassung künstlicher Zellulosefasern
1954, 82 Seiten, 39 Abb., 6 Tabellen, DM 16,—

HEFT 94
Prof. Dr. G. Winter, Bonn
Die Heilpflanzen des MATTHIOLUS (1611) gegen Infektionen der Harnwege und Verunreinigung der Wunden bzw. zur Förderung der Wundheilung im Lichte der Antibiotikaforschung
1954, 58 Seiten, 1 Abb., 2 Tabellen, DM 11,50

HEFT 95
Prof. Dr. G. Winter, Bonn
Untersuchungen über die flüchtigen Antibiotika aus der Kapuziner- (Tropaeolum maius) und Gartenkresse (Lepidium sativum) und ihr Verhalten im menschlichen Körper bei Aufnahme von Kapuziner- bzw. Gartenkressensalat per os
1955, 74 Seiten, 9 Abb., 25 Tabellen, DM 14,—

HEFT 96
Dr.-Ing. P. Koch, Dortmund
Austritt von Exoelektronen aus Metalloberflächen unter Berücksichtigung der Verwendung des Effektes für die Materialprüfung
1954, 34 Seiten, 13 Abb., DM 7,—

HEFT 97
Ing. H. Stein, Laboratorium für textile Meßtechnik, M.-Gladbach
Untersuchung der Verzugsvorgänge an den Streckwerken verschiedener Spinnereimaschinen
2. Bericht: Ermittlung der Haft-Gleiteigenschaften von Faserbändern und Vorgarnen
1955, 98 Seiten, 54 Abb., DM 21,—

HEFT 98
Fachverband Gesenkschmieden, Hagen
Die Arbeitsgenauigkeit beim Gesenkschmieden unter Hämmern
1955, 132 Seiten, 55 Abb., 9 Tabellen, DM 24,75

HEFT 99
Prof. Dr.-Ing. G. Garbotz, Aachen
Der Kraft- und Arbeitsaufwand sowie die Leistungen beim Biegen von Bewehrungsstählen in Abhängigkeit von den Abmessungen, den Formen und der Güte der Stähle (Ermittlung von Leistungsrichtlinien)
1955, 136 Seiten, 53 Abb., 3 Anlagen, 18 Tabellen, DM 30,—

HEFT 100
Prof. Dr.-Ing. H. Opitz, Aachen
Untersuchungen an elektrischen Antrieben, Steuerungen und Regelungen an Werkzeugmaschinen
1955, 166 Seiten, 71 Abb., 3 Tabellen, DM 31,30

HEFT 101
Prof. Dr.-Ing. H. Opitz, Aachen
Wirtschaftlichkeitsbetrachtungen beim Außenrundschleifen
1955, 100 Seiten, 56 Abb., 3 Tabellen, DM 19,30

HEFT 102
Dr. P. Hölemann, Ing. R. Hasselmann und Ing. G. Dix, Dortmund
Untersuchungen über die thermische Zündung von explosiblen Acetylenzersetzungen in Kapillaren
1954, 44 Seiten, 5 Abb., 4 Tabellen, DM 8,60

HEFT 103
Prof. Dr. W. Weizel, Bonn
Durchführung von experimentellen Untersuchungen über den zeitlichen Ablauf von Funken in komprimierten Edelgasen sowie zu deren mathematischen Berechnung
1955, 46 Seiten, 12 Abb., DM 9,10

HEFT 104
Prof. Dr. W. Weizel, Bonn
Über den Einfluß der Elektroden auf die Eigenschaften von Cadmium-Sulfid-Widerstands-Photozellen
1955, 48 Seiten, 12 Abb., DM 9,45

HEFT 105
Dr.-Ing. R. Meldau, Harsewinkel/Westf.
Auswertung von Gekörn — Analysen des Musterstaubes „Flugasche Fortuna I"
1955, 42 Seiten, 14 Abb., DM 8,50

HEFT 106
ORR. Dr.-Ing. W. Küch, Dortmund
Untersuchungen über die Einwirkung von feuchtigkeitsgesättigter Luft auf die Festigkeit von Leimverbindungen
1954, 60 Seiten, 10 Abb., 6 Tabellen, DM 11,40

HEFT 107
Prof. Dr. H. Lange und Dipl.-Phys. P. St. Pütter, Köln
Über die Konstruktion von Laboratoriumsmagneten
1955, 66 Seiten, 19 Abb., 1 Tabelle, DM 12,30

HEFT 108
Prof. Dr. W. Fuchs, Aachen
Untersuchungen über neue Beizmethoden und Beizabwässer
I. Die Entzunderung von Drähten mit Natriumhydrid
II. Die Aufbereitung von Beizabwässern
1955, 82 S., 15 Abb., 14 Tabellen, 1 Falttafel, DM 15,25

HEFT 109
Dr. P. Hölemann und Ing. R. Hasselmann, Dortmund
Untersuchungen über die Löslichkeit von Azetylen in verschiedenen organischen Lösungsmitteln
1954, 42 Seiten, 10 Abb., 8 Tabellen, DM 8,30

HEFT 110
Dr. P. Hölemann und Ing. R. Hasselmann, Dortmund
Untersuchungen über den Druckverlauf bei der explosiblen Zersetzung von gasförmigem Azetylen
1955, 54 Seiten, 10 Abb., 5 Tabellen, DM 11,—

HEFT 111
Fachverband Steinzeugindustrie, Köln
Die Entwicklung eines Gerätes zur Beschickung seitlicher Feuer von Steinzeug-Einzelkammeröfen mit festen Brennstoffen
1955, 46 Seiten, 16 Abb., DM 9,40

HEFT 112
Prof. Dr.-Ing. H. Opitz, Aachen
Verschleißmessungen beim Drehen mit aktivierten Hartmetallwerkzeugen
1954, 44 Seiten, 17 Abb., 6 Tabellen, DM 8,80

HEFT 113
Prof. Dr. O. Graf, Dortmund
Erforschung der geistigen Ermüdung und nervösen Belastung: Studien über die vegetative 24-Stunden-Rhythmik in Ruhe und unter Belastung
1955, 40 Seiten, 12 Abb., DM 8,20

HEFT 114
Prof. Dr. O. Graf, Dortmund
Studien über Fließarbeitsprobleme an einer praxisnahen Experimentieranlage
1954, 34 Seiten, 6 Abb., DM 7,—

HEFT 115
Prof. Dr. O. Graf, Dortmund
Studium über Arbeitspausen in Betrieben bei freier und zeitgebundener Arbeit (Fließarbeit) und ihre Auswirkung auf die Leistungsfähigkeit
1955, 50 Seiten, 13 Abb., 2 Tabellen, DM 9,80

HEFT 116
Prof. Dr.-Ing. E. Siebel und Dr.-Ing. H. Weiss, Stuttgart
Untersuchungen an einigen Problemen des Tiefziehens — I. Teil
1955, 74 Seiten, 50 Abb., 5 Tabellen, DM 14,50

HEFT 117
Dr.-Ing. H. Beißwänger, Stuttgart, und Dr.-Ing. S. Schwandt, Trier
Untersuchungen an einigen Problemen des Tiefziehens — II. Teil
1955, 92 Seiten, 34 Abb., 8 Tabellen, DM 17,70

HEFT 118
Prof. Dr. E. A. Müller und Dr. H. G. Wenzel, Dortmund
Neuartige Klima-Anlage zur Erzeugung ungleicher Luft- und Strahlungstemperaturen in einem Versuchsraum
1955, 68 Seiten, 10 z. T. mehrfarb. Abb., DM 14,—

HEFT 119
Dr.-Ing. O. Viertel, Krefeld
Wäscherei- und energietechnische Untersuchung einer Gemeinschafts-Waschanlage
1955, 50 Seiten, 18 Abb., DM 10,20

HEFT 120
Dipl.-Ing. A. Weisbecker, Lüdenscheid
Über Anfressung an Reinstaluminium-Schweißnähten bei der elektrolytischen Oxydation
Gebr. Hörstermann GmbH., Velbert
Entwicklung und Erprobung eines neuartigen Gummibandförderers
1955, 46 Seiten, 18 Abb., DM 9,70

HEFT 121
Dr. H. Krebs, Bonn
I. Die Struktur und die Eigenschaften der Halbmetalle
II. Die Bestimmung der Atomverteilung in amorphen Substanzen
III. Die chemische Bindung in anorganischen Festkörpern und das Entstehen metallischer Eigenschaften
1955, 124 Seiten, 36 Abb., 13 Tabellen, DM 22,90

HEFT 122
Prof. Dr. W. Fuchs, Aachen
Untersuchungen zur Verbesserung der Wasseraufbereitung und Wasseranalyse:
Über die Schnellbewertung von Ionenaustauscher
1955, 62 Seiten, 32 Abb., DM 12,30

HEFT 123
Dipl.-Ing. J. Emondts, Aachen
Über Bodenverformungen bei stark gestörtem und mächtigem, wasserführendem Deckgebirge im Aachener Steinkohlengebiet
1955, 196 Seiten, 37 Abb., 10 Tabellen, DM 28,80

HEFT 124
Prof. Dr. R. Seyffert, Köln
Wege und Kosten der Distribution der Hausratwaren im Lande Nordrhein-Westfalen
1955, 74 Seiten, 25 Tabellen, DM 9,—

HEFT 125
Prof. Dr. E. Kappler, Münster
Eine neue Methode zur Bestimmung von Kondensations-Koeffizienten von Wasser
1955, 46 Seiten, 11 Abb., 1 Tabelle, DM 9,10

HEFT 126
Prof. Dr.-Ing. J. Mathieu, Aachen
Arbeitszeitvergleich
Grundlagen, Methodik und praktische Durchführung
1955, 70 Seiten, DM 13,—

HEFT 127
Güteschutz Betonstein e. V., Arbeitskreis Nordrhein-Westfalen, Dortmund
Die Betonwaren-Gütesicherung im Lande Nordrhein-Westfalen
1955, 58 Seiten, 15 Abb., 3 Tabellen, DM 11,50

HEFT 128
Prof. Dr. O. Schmitz-DuMont, Bonn
Untersuchungen über Reaktionen in flüssigem Ammoniak
1955, 96 Seiten, 11 Abb., 6 Tabellen, DM 17,75

HEFT 129
Prof. Dr.-Ing. J. Mathieu und Dr. C. A. Roos, Aachen
Die Anlernung von Industriearbeitern
I. Ergebnisse einer grundsätzlichen Untersuchung der gegenwärtigen Industriearbeiter-Kurzanlernung
1955, 106 Seiten, DM 19,70

HEFT 130
Prof. Dr.-Ing. J. Mathieu und Dr. C. A. Roos, Aachen
Die Anlernung von Industriearbeitern
II. Beiträge zur Methodenfrage der Kurzanlernung
1955, 108 Seiten, DM 19,90

HEFT 131
Dr. W. Hoerburger, Köln
Versuche zur Biosynthese von Eiweiß aus Kohlenwasserstoff
1955, 34 Seiten, 2 Abb. DM 6,90

HEFT 132
Prof. Dr. W. Seith, Münster
Über Diffusionserscheinungen in festen Metallen
1955, 42 Seiten, 19 Abb., 4 Tabellen, DM 9,10

HEFT 133
Prof. Dr. E. Jenckel, Aachen
Über einen für Schwermetalle selektiven Ionenaustauscher
1955, 48 Seiten, 8 Abb., 13 Tabellen, DM 9,50

HEFT 134
Prof. Dr.-Ing. H. Winterhager, Aachen
Über die elektrochemischen Grundlagen der Schmelzfluß-Elektrolyse von Bleisulfid in geschmolzenen Mischungen mit Bleichlorid
1955, 54 Seiten, 20 Abb., 5 Tabellen, DM 11,80

HEFT 135
Prof. Dr.-Ing. K. Krekeler und Dr.-Ing. H. Peukert, Aachen
Die Änderung der mechanischen Eigenschaften thermoplastischer Kunststoffe durch Warmrecken
1955, 54 Seiten, 27 Abb., DM 11,10

HEFT 136
Dipl.-Phys. P. Pilz, Remscheid
Über spezielle Probleme der Zerkleinerungstechnik von Weichstoffen
1955, 58 Seiten, 19 Abb., 2 Tabellen, DM 11,50

HEFT 137
Prof. Dr. W. Baumeister, Münster
Beiträge zur Mineralstoffernährung der Pflanzen
1955, 64 Seiten, 6 Tabellen, DM 11,80

HEFT 138
Dr. P. Hölemann und Ing. R. Hasselmann, Dortmund
Untersuchungen über die Zersetzungswärme von gasförmigem und in Azeton gelöstem Azetylen
1955, 54 Seiten, 8 Abb., 7 Tabellen, DM 10,40

HEFT 139
Prof. Dr. W. Fuchs, Aachen
Studien über die thermische Zersetzung der Kohle und die Kohlendestillatprodukte
1955, 64 Seiten, 20 Abb., 22 Tabellen, DM 11,80

HEFT 140
Dr.-Ing. G. Hausberg, Essen
Modellversuche an Zyklonen
1955, 78 Seiten, 24 Abb., DM 15,70

HEFT 141
Dr. J. van Calker und Dr. R. Wienecke, Münster
Untersuchungen über den Einfluß dritter Analysenpartner auf die spektrochemische Analyse
1955, 42 Seiten, 15 Abb., DM 9,10

HEFT 142
Dipl.-Ing. G. M. F. Wiebel, Hannover, A. Konermann und A. Ottenheym, Sennelager
Entwicklung eines Kalksandleichtsteines
1955, 38 Seiten, 4 Abb., DM 8,—

HEFT 143
Prof. Dr. F. Wever, Dr. A. Rose und Dipl.-Ing. W. Straßburg, Düsseldorf
Härtbarkeit und Umwandlungsverhalten der Stähle
1955, 50 Seiten, 12 Abb., 3 Tabellen, DM 10,70

HEFT 144
Prof. Dr. H. Wurmbach, Bonn
Steuerung von Wachstum und Formbildung
1955, 48 Seiten, 19 Abb., DM 10,30

HEFT 145
Dr. G. Hennemann, Werdohl (Westf.)
Beitrag zur Interpretation der modernen Atomphysik
1955, 34 Seiten, DM 10,—

HEFT 146
Dr.-Ing. F. Gruß, Düsseldorf
Sterilisation mit Heißluft
1955, 34 Seiten, 10 Abb., DM 7,70

HEFT 147
Dr.-Ing. W. Rudisch, Unna
Untersuchung einer drehelastischen Elektromagnet-Synchronkupplung
1955, 82 Seiten, 65 Abb., DM 17,70

HEFT 148
Prof. Dr. H. Bittel u. Dipl.-Phys. L. Storm, Münster
Untersuchungen über Widerstandsrauschen
1955, 40 Seiten, 5 Abb., DM 8,40

HEFT 149
Dipl.-Ing. K. Konopicky und Dipl.-Chem. P. Kampa, Bonn
I. Beitrag zur flammenphotometrischen Bestimmung des Calciums.
Dr.-Ing. K. Konopicky, Bonn
II. Die Wanderung von Schlackenbestandteilen in feuerfesten Baustoffen
1955, 54 Seiten, 10 Abb., 5 Tabellen, DM 11,—

HEFT 150
Prof. Dr.-Ing. O. Kienzle und Dipl.-Ing. W. Timmerbeil, Hannover
Das Durchziehen enger Kragen an ebenen Fein- und Mittelblechen
1955, 52 Seiten, 20 Abb., 8 Tabellen, DM 11,30

HEFT 151
Dipl.-Ing. P. Karabasch, Aachen
Feststellung des optimalen Gasgehaltes von Bronzen zur Erzielung druckdichter Gußstücke
1956, 64 Seiten, 31 Abb., 5 Tabellen, DM 13,90

HEFT 152
Dipl.-Ing. G. Müller, Köln
Ermittlung der Laufeigenschaften (Vergießbarkeit) von Bronze und Rotguß mittels der Schneider-Gießspirale
1955, 60 Seiten, 33 Abb., DM 13,30

HEFT 153
Prof. Dr. F. Wever, Dr.-Ing. W. A. Fischer und Dipl.-Ing. J. Engelbrecht, Düsseldorf
I. Die Reduktion sauerstoffhaltiger Eisenschmelzen im Hochvakuum mit Wasserstoff und Kohlenstoff
II. Einfluß geringer Sauerstoffgehalte auf das Gefüge und Alterungsverhalten von Reineisen
1955, 54 Seiten, 15 Abb., 2 Tabellen, DM 12,40

HEFT 154
Prof. Dr.-Ing. P. Bardenheuer und Dr.-Ing. W. A. Fischer, Düsseldorf
Die Verschlackung von Titan aus Stahlschmelzen im sauren und basischen Hochfrequenzofen unter verschiedenen Schlacken
1955, 36 Seiten, 10 Abb., 1 Tabelle, DM 7,95

HEFT 155
Dipl.-Phys. K. H. Schirmer, München
Die auf Grau abgestimmte Farbwiedergabe im Dreifarbenbuchdruck
1955, 46 Seiten, 17 Abb., 2 Farbtafeln, DM 10,—

HEFT 156
Prof. Dr.-Ing. B. von Borries und Mitarbeiter, Düsseldorf
Die Entwicklung regelbarer permanentmagnetischer Elektronenlinsen hoher Brechkraft und eines mit ihnen ausgerüsteten Elektronenmikroskopes neuer Bauart
1956, 102 Seiten, 52 Abb., DM 22,55

HEFT 157
Dr. W. Jawtusch, Dr. G. Schuster und Prof. Dr.-Ing. R. Jaeckel, Bonn
Untersuchungen über die Stoßvorgänge zwischen neutralen Atomen und Molekülen
1955, 48 Seiten, 15 Abb., 3 Tabellen, DM 10,50

HEFT 158
Dipl.-Ing. W. Rosenkranz, Meinerzhagen
Ein Beitrag zum Problem der Spannungskorrosion bei Preßprofilen und Preßteilen aus Aluminium-Legierungen
1956, 112 Seiten, 61 Abb., 5 Tabellen, DM 27,40

HEFT 159
Dr.-Ing. O. Viertel und O. Oldenroth, Krefeld
Das Bleichen von Weißwäsche mit Wasserstoffsuperoxyd bzw. Natriumhypochlorit beim maschinellen Waschen
1955, 54 Seiten, 23 Abb., 2 Tabellen, DM 11,45

HEFT 160
Prof. Dr. W. Klemm, Münster
Über neue Sauerstoff- und Fluor-haltige Komplexe
1955, 50 Seiten, 13 Abb., 7 Tabellen, DM 10,80

HEFT 161
Prof. Dr. W. Weltzien und Dr. G. Hausehild, Krefeld
Über Silikone und ihre Anwendung in der Textilveredlung
1955, 162 Seiten, 22 Abb., 10 Tabellen, DM 27,—

HEFT 162
Prof. Dr. F. Wever, Prof. Dr. A. Kochendörfer und Dr.-Ing. Chr. Rohrbach, Düsseldorf
Kennzeichnung der Sprödbruchneigung von Stählen durch Messung der Fließspannung, Reißspannung und Brucheinschnürung an dreiachsig beanspruchten Proben
1955, 58 Seiten, 26 Abb., DM 13,—

HEFT 163
Dipl.-Ing. W. Rohs und Text.-Ing. H. Griese, Bielefeld
Untersuchungsarbeiten zur Verbesserung des Leinenwebstuhls III
1955, 80 Seiten, 15 Abb., 18 Tabellen, DM 15,80

HEFT 164
Dr.-Ing. H. Schmachtenberg, Köln
Neuartige Prüfeinrichtungen für Kraftfahrzeuge
1955, 44 Seiten, 23 Abb., DM 9,60

HEFT 165
Dr.-Ing. W. Wilhelm, Aachen
Instationäre Gasströmung im Auspuffsystem eines Zweitaktmotors
1955, 62 Seiten, 31 Abb., 8 Tabellen, DM 13,60

HEFT 166
Prof. Dr. M. v. Stackelberg, Dr. H. Heindze, Dr. H. Hübschke und Dr. K. H. Frangen, Bonn
Kolloidchemische Untersuchungen
1955, 106 Seiten, 8 Abb., 13 Tabellen, DM 21,25

HEFT 167
Prof. Dr.-Ing. F. Schuster, Essen
I. Über die Heißkarburierung von Brenngasen mit Ölen und Teeren
II. Die Strahlungsvorgänge in brennstoffbeheizten Öfen bei verschiedenen Verbrennungsatmosphären
1955, 38 Seiten, 8 Abb., DM 8,30

HEFT 168
Prof. Dr.-Ing. F. Schuster, Essen
I. Luftvorwärmung an Gasfeuerungen
II. Heizwerthöhe von Brenngasen und Wirkungsgrad sowie Gasverbrauch bei der Gasverwendung
III. Sauerstoffangereicherte Luft und feuerungstechnische Kenngrößen von Brenngasen
1955, 60 Seiten, 18 Abb., DM 12,50

HEFT 169
Forschungsinstitut für Pigmente und Lacke, Stuttgart
Arbeiten über die Bestimmung des Gebrauchswertes von Lackfilmen durch physikalische Prüfungen
1955, 70 Seiten, 23 Abb., 4 Tabellen, DM 15,—

HEFT 170
Prof. Dr. F. Wever, Dr. A. Rose und Dipl.-Ing L. Rademacher, Düsseldorf
Anwendung der Umwandlungsschaubilder auf Fragen der Werkstoffauswahl beim Schweißen und Flammhärten
1955, 64 Seiten, 25 Abb., DM 13,70

WESTDEUTSCHER VERLAG · KÖLN UND OPLADEN

HEFT 171
Wäschereiforschung Krefeld
Untersuchung der Wäscheentwässerung mit Hilfe von Zentrifugen und Pressen
1955, 42 Seiten, 16 Abb., 4 Tabellen, DM 9,70

HEFT 172
Dipl.-Ing. W. Rohs, Dr.-Ing. G. Satlow und Text.-Ing. G. Heller, Bielefeld
Trocknung von Hanfgarnen. Kreuzspultrocknung
1955, 60 Seiten, 7 Abb., 4 Tabellen, DM 10,30

HEFT 173
Prof. Dr. R. Hosemann und Dipl.-Phys. G. Schoknecht, Berlin, vorgelegt von Prof. Dr. W. Kast, Krefeld
Lichtoptische Herstellung und Diskussion der Faltungsquadrate parakristalliner Gitter
1956, 108 Seiten, 63 Abb., 6 Tabellen, DM 24,70

HEFT 174
Prof. Dr. W. von Fragstein, Dr. J. Meingast und H. Hoch, Köln
Herstellung von Solen einheitlicher Teilchengröße und Ermittlung ihrer optischen Eigenschaften
1955, 78 Seiten, 80 Abb., 4 Tabellen, DM 18,25

HEFT 175
Dr.-Ing. H. Zeller, Aachen
Beitrag zur eindimensionalen stationären und nichtstationären Gasströmung mit Reibung und Wärmeleitung, insbesondere in Rohren mit unstetigen Querschnittsänderungen.
1956, 138 Seiten, 56 Abb., DM 29,30

HEFT 176
Dipl.-Ing. H. Schöberl, Duisburg
Über die Methoden zur Ermittlung der Verbrennungstemperatur von Brennstoffen und ein Vorschlag zu ihrer Verbesserung
1955, 30 Seiten, 3 Abb., DM 6,50

HEFT 177
Dipl.-Ing. H. Stüdemann, Solingen, und Dr.-Ing. W. Müchler, Essen
Entwicklung eines Verfahrens zur zahlenmäßigen Bestimmung der Schneideigenschaften von Messerklingen
1956, 104 Seiten, 68 Abb., 4 Tabellen, DM 22,20

HEFT 178
Prof. Dr. M. von Stackelberg u. Dr. W. Hans, Bonn
Untersuchungen zur Ausarbeitung und Verbesserung von polarographischen Analysenmethoden
1955, 46 Seiten, 14 Abb., DM 10,50

HEFT 179
Dipl.-Ing. H. F. Reineke, Bochum
Entwicklungsarbeiten auf dem Gebiete der Meß- und Regeltechnik
1955, 46 Seiten, 10 Abb., DM 10,—

HEFT 180
Dr.-Ing. W. Piepenburg, Dipl.-Ing. B. Bühling und Bauing. J. Behnke, Köln
Putzarbeiten im Hochbau und Versuche mit aktiviertem Mörtel und mechanischem Mörtelauftrag
1955, 116 Seiten, 31 Abb., 68 Tabellen, DM 23,—

HEFT 181
Prof. Dr. W. Franz, Münster
Theorie der elektrischen Leitvorgänge in Halbleitern und isolierenden Festkörpern bei hohen elektrischen Feldern
1955, 28 Seiten, 2 Abb., 1 Tabelle, DM 6,20

HEFT 182
Dr.-Ing. P. Schenk u. Dr. K. Osterloh, Düsseldorf
Katalytisch-thermische Spaltung von gasförmigen und flüssigen Kohlenwasserstoffen zur Spitzengaserzeugung
1955, 50 Seiten, 11 Abb., 11 Tabellen, DM 10,90

HEFT 183
Dr. W. Bornheim, Köln
Entwicklungsarbeiten an Flaschen- und Ampullen-Behandlungsmaschinen für die pharmazeutische Industrie
1956, 48 Seiten, 24 Abb., DM 11,70

HEFT 184
Dr.-Ing. E. Printz, Kettwig
Vollhydraulische Parallel-Kupplung für Ackerschlepper
1955, 32 Seiten, 4 Abb., DM 7,80

HEFT 185
Dipl.-Ing. W. Rohs und Text.-Ing. G. Heller, Bielefeld
Studien an einem neuzeitlichen Kreuzspultrockner für Bastfasergarne mit Wiederbefeuchtungszone
1955, 52 Seiten, 9 Abb., 3 Tabellen, DM 10,70

HEFT 186
Dr. E. Wedekind, Krefeld
Untersuchungen zur Arbeitsbestgestaltung bei der Fertigstellung von Oberhemden in gewerblichen Wäschereien
1955, 124 Seiten, 28 Abb., 6 Tabellen, 2 Falttaf., DM 12,—

HEFT 187
Dipl.-Ing. F. Göttgens, Essen
Über die Eigenarten der Bimetall-, Thermo- und Flammenionisationssicherungsmethode in ihrer Anwendung auf Zündsicherungen
1955, 40 Seiten, 6 Abb., 4 Tabellen, DM 8,40

HEFT 188
W. Kinnebrock, Langenberg (Rhld.)
Der Einfluß des Austausches gleicher Gaskochbrenner bzw. Gaskochbrennerteile auf den Wirkungsgrad und insbesondere auf den CO-Gehalt der Verbrennungsgase
1955, 42 Seiten, 7 Tabellen, DM 8,70

HEFT 189
Fa. E. Leybold's Nachfolger, Köln
I. Ausgewählte Kapitel aus der Vakuumtechnik
II. Zum Verlust anorganisch-nichtflüchtiger Substanzen während der Gefriertrocknung
1955, 52 Seiten, 16 Abb., 3 Tabellen, DM 11,20

HEFT 190
Prof. Dr. A. Neuhaus, Prof. Dr. O. Schmitz-DuMont und Dipl.-Chem. H. Reckhard, Bonn
Zur Kenntnis der Alkalititanate
1955, 60 Seiten, 13 Abb., 1 Tabelle, DM 12,20

HEFT 191
Dr. H. Söhngen, Darmstadt
Schwingungsverhalten eines Schaufelkranzes im Vakuum 1955, 36 Seiten, 7 Abb., DM 7,80

HEFT 192
Dipl.-Phys. E. M. Schneider, München
Kohlebogenlampen für Aufnahme und Kopie
1955, 48 Seiten, 21 Abb., 3 Tabellen, DM 10,60

HEFT 193
Prof. Dr. O. Schmitz-DuMont, Bonn
Untersuchungen über neue Pigmentfarbstoffe
1956, 50 Seiten, 16 Abb., 8 Tabellen, DM 11,20

HEFT 194
Dr. K. Hecht, Köln
Entwicklung neuartiger physikalischer Unterrichtsgeräte 1955, 42 Seiten, 16 Abb., DM 9,90

HEFT 195
Dr.-Ing. E. Rößger, Köln
Gedanken über einen neuen deutschen Luftverkehr
1955, 342 Seiten, 29 Abb., 122 Tabellen, DM 50,—

HEFT 196
Dipl.-Ing. W. Rohs und Text.-Ing. H. Griese, Bielefeld
Auswirkungen von Garnfehlern bei der Verarbeitung von Leinengarnen
1955, 36 Seiten, 3 Abb., 6 Tabellen, DM 7,80

HEFT 197
Dr. E. Wedekind, Krefeld
Untersuchungen zur Bestimmung der optimalen Arbeitsplatzgröße bei Mehrstuhlarbeit in der Weberei
1955, 92 Seiten, 34 Abb., 2 Tabellen, DM 18,50

HEFT 198
Prof. Dr. J. Weissinger, Karlsruhe
Zur Aerodynamik des Ringflügels. Die Druckverteilung dünner, fast drehsymmetrischer Flügel in Unterschallströmung 1955, 42 Seiten, 5 Abb., DM 9,—

HEFT 199
Textilforschungsanstalt Krefeld
Die Messung von Gewebetemperaturen mittels Temperaturstrahlung
1955, 50 Seiten, 12 Abb., DM 10,90

HEFT 200
R. Seipenbusch, Langenberg (Rhld.)
Spitzengas durch Zusatz von Flüssiggas-Wassergas- und Flüssiggas-Generatorgas-Gemischen zu Stadtgas
1955, 48 Seiten, 21 Abb., DM 10,35

HEFT 201
Dr.-Ing. E. W. Pleines, Frankfurt/Main
Die Sicherheit im Luftverkehr
1956, 194 Seiten, 39 Abb., 19 Tabellen, DM 39,50

HEFT 202
Dipl.-Ing. D. Fiecke, Stuttgart/Zuffenhausen
Die Bestimmung der Flugzeugpolaren für Entwurfszwecke. I. Teil: Unterlagen
1956, 216 Seiten, 171 Diagr., DM 59,70

HEFT 203
Dr. G. Wandel, Bonn
Uferbewachung und Lebendverbauung an den Nordwestdeutschen Kanälen und ihren Zuflüssen sowie an der Ruhr 1956, 122 Seiten, 88 Abb., DM 25,70

HEFT 204
Dipl.-Ing. B. Naendorf, Langenberg (Rhld.)
Bestimmung der Brenneigenschaften und des Brennverhaltens verschiedener Gasarten und Einfluß verschiedener Düsengestaltung
1955, 32 Seiten, 7 Abb., DM 7,10

HEFT 205
Dr.-Ing. C. Schaarwächter, Düsseldorf
Über plastische Kupfer-Eisen-Phosphor-Legierungen
1936, 36 Seiten, 10 Abb., 10 Tabellen, DM 8,30

HEFT 206
Dr. P. Hülemann, Ing. R. Hasselmann und Ing. G. Dix, Dortmund
Untersuchungen über die Vorgänge bei der Zersetzung von in Azeton gelöstem Azetylen
1956, 74 Seiten, 7 Abb., 7 Tabellen, DM 15,55

HEFT 207
Prof. Dr.-Ing. H. Opitz, Dipl.-Ing. K. H. Fröhlich und Dipl.-Ing. H. Siebel, Aachen
Richtwerte für das Fräsen von unlegierten und legierten Baustählen mit Hartmetall. I. Teil
1956, 48 Seiten, 27 Abb., 3 Tabellen, DM 11,10

HEFT 208
Prof. Dr.-Ing. H. Müller, Essen
Untersuchung von Elektrowärmegeräten für Laienbedienung hinsichtlich Sicherheit und Gebrauchsfähigkeit. I. Untersuchungen an Kochplatten
1956, 100 Seiten, 76 Abb., 7 Tabellen, DM 22,70

HEFT 209
Dr. K. Bunge, Leverkusen
Materialabbau in Funkenentladungen. Untersuchungen an Zinkkathoden
1956, 54 Seiten, 10 Abb., 5 Tabellen, DM 11,40

HEFT 210
Dr. W. Porschen und Prof. Dr. W. Riezler, Bonn
Langlebige Alphaaktivitäten bei natürlichen Elementen
1955, 40 Seiten, 5 Abb., 4 Tabellen, DM 8,80

HEFT 211
Prof. Dipl.-Ing. W. Sturtzel und Dr.-Ing. W. Graff, Duisburg
Die Versuchsanstalt für Binnenschiffbau, Duisburg,
1956, 48 Seiten, 22 Abb., 11,—

HEFT 212
Dipl.-Ing. H. Spodig, Selm
Untersuchung zur Anwendung der Dauermagnete in der Technik 1955, 44 Seiten, 25 Abb., DM 9,80

HEFT 213
Dipl.-Ing. K. F. Rittinghaus, Aachen
Zusammenstellung eines Meßwagens für Bau- und Raumakustik
1957, 96 Seiten 17 Abb., 7 Tabellen DM 19,80

HEFT 214
Dr.-Ing. J. Endres, München
Berechnung der optimalen Leistungen, Kraftstoffverbräuche und Wirkungsgrade von Einkreis-Turbolader-Strahltriebwerken am Boden und in der Höhe bei Fluggeschwindigkeiten von 0—2000 km/h
1956, 72 Seiten, 18 Abb., 8 Tabellen, DM 15,40

HEFT 215
Prof. Dr.-Ing. H. Opitz und Dr.-Ing. G. Weber, Aachen
Einfluß der Wärmebehandlung von Baustählen auf Spanentstehung, Schnittkraft- und Standzeitverhalten
1956, 80 Seiten, 30 Abb., 10 Tabellen, DM 18,40

HEFT 216
Dr. E. Kloth, Köln
Untersuchungen über die Ausbreitung kurzer Schallimpulse bei der Materialprüfung mit Ultraschall
1956, 90 Seiten, 60 Abb., 4 Tabellen, DM 19,40

HEFT 217
Rationalisierungskuratorium der Deutschen Wirtschaft (RKW), Frankfurt/Main
Typenvielzahl bei Haushaltgeräten und Möglichkeiten einer Beschränkung
1956, 328 Seiten, 2 Abb., 181 Tabellen, DM 49,50

HEFT 218
Dr. F. Keune, Aachen
Bericht über eine Theorie der Strömung um Rotationskörper ohne Anstellung bei Machzahl Eins
1955, 40 Seiten, 8 Abb., 5 Formelblätter, DM 8,80

WESTDEUTSCHER VERLAG · KÖLN UND OPLADEN

HEFT 219
Prof. Dr. W. Fuchs, Aachen
Untersuchungen zur Holzabfallverwertung und zur Chemie des Lignins
1955, 54 Seiten, 11 Abb., 15 Tabellen DM 11,40

HEFT 220
Prof. Dr. W. Fuchs, Aachen
Die Entwicklung neuer Regel- und Kontroll-Apparate zur coulometrischen Analyse
1956, 76 Seiten, 17 Abb. 23 Tabellen, DM 15,50

HEFT 221
Dr. W. Meyer-Eppler, Bonn
Experimentelle Untersuchungen zum Mechanismus von Stimme und Gehör in der lautsprachlichen Kommunikation
1955, 56 Seiten, 24 Abb., DM 13,45

HEFT 222
Dr. L. Köllner, Münster, und Dipl.-Volkswirt M. Kaiser, Bochum
Die internationale Wettbewerbsfähigkeit der westdeutschen Wollindustrie
1956, 214 Seiten, DM 39,50

HEFT 223
Dr.-Ing. K. Alberti und Dr. F. Schwarz, Köln
Über das Problem Hartbrand-Weichbrand
1956, 54 Seiten, 25 Abb., 14 Tabellen, DM 12,10

HEFT 224
Dipl.-Ing. H. Stüdemann und Ing. R. Beu, Solingen
Verfahren zur Prüfung der Korrosionsbeständigkeit von Messerklingen aus rostfreiem Stahl
1956, 82 Seiten, 28 Abb., DM 16,90

HEFT 225
Dr.-Ing. E. Barz, Remscheid
Der Spannungszustand von Gattersägeblättern
1956, 74 Seiten, 54 Abb., DM 16,50

HEFT 226
Technisch-wissenschaftliches Büro für die Bastfaserindustrie, Bielefeld
Untersuchungen zur Verbesserung des Leinenwebstuhles IV
Die Wirkung verschiedener Kettbaumbremsen auf die Verwebung von Leinengarnen
1956, 64 Seiten, 9 Abb., 4 Tabellen, DM 13,50

HEFT 227
Prof. Dr. F. Wever, Düsseldorf und Dr. W. Wepner, Köln
Untersuchung der Alterungsneigung von weichen unlegierten Stählen durch Härteprüfung bei Temperaturen bis 300 Grad C
1956, 34 Seiten, 20 Abb., 3 Tabellen, DM 7,95

HEFT 228
Prof. Dr. F. Wever, Dr. W. Koch, Düsseldorf, und Dr. B. A. Steinkopf, Dortmund
Spektrochemische Grundlagen der Analyse von Gemischen aus Kohlenmonoxyd, Wasserstoff und Stickstoff
1956, 42 Seiten, 18 Abb., 1 Tabelle, DM 9,90

HEFT 229
Prof. Dr. F. Wever, Dr. W. Koch und Dr.-Ing. H. Malissa, Düsseldorf
Über die Anwendung disubstituierter Dithiocarbamate der analytischen Chemie
1956, 44 Seiten, 30 Abb., 5 Tabellen, DM 10,50

HEFT 230
Prof. Dr. F. Wever, Düsseldorf, und Dr. W. Wepner, Köln
Bestimmung kleiner Kohlenstoffgehalte im Alpha-Eisen durch Dämpfungsmessung
1956, 34 Seiten, 5 Abb., 2 Tabellen, DM 7,70

HEFT 231
Dr.-Ing. W. Küch, Dortmund
Über die Wechselwirkung zwischen Holzschutzbehandlung und Verleimung
1956, 48 Seiten, 10 Abb., 8 Tabellen, DM 10,40

HEFT 232
Prof. Dr.-Ing. O. Kienzle, Hannover, und Dr.-Ing. H. Münnich, Schweinfurt
Feststellung der Spannungen und Dehnungen und Bruchdrehzahlen der unter Fliehkraft und Bearbeitungskraft beanspruchten Schleifkörper
in Vorbereitung

HEFT 233
Dr. H. Haase, Hamburg
Infrarot-Bibliographie
1956, 90 Seiten, DM 17,80

HEFT 234
Dr.-Ing. K. G. Speith und Dr.-Ing. A. Bungeroth, Duisburg
Versuche zur Steigerung des Kokillen-Schluckvermögens beim Stranggießen von Stahl
1956, 26 Seiten, 5 Abb., DM 6,15

HEFT 235
Prof. Dr.-Ing. K. Leist und Dipl.-Ing. W. Dettmering, Aachen
Turbinenschaufeln aus Kunststoff für Kaltluftversuchsanlagen
1956, 46 Seiten, 43 Abb., 3 Tabellen, DM 12,30

HEFT 236
Dr.-Ing. O. Viertel und S. Lucas, Krefeld
Ergebnisse einer Hausfrauenbefragung über Wascheinrichtungen und Waschmethoden in städtischen Haushaltungen
1956, 34 Seiten, 4 Abb., DM 7,60

HEFT 237
Dr. P. Endler und Dr. H. Ludes, Köln
Bericht über eine Studienreise zur Orientierung der heutigen Behandlung der Lungentuberkulose in den Vereinigten Staaten von Nordamerika
1956, 32 Seiten, DM 7,10

HEFT 238
Institut für textile Meßtechnik, M.-Gladbach, e. V.
Untersuchungen der Verzugsvorgänge an den Streckwerken verschiedener Spinnereimaschinen. 3. Bericht: Theoretische Betrachtungen über den Einfluß schlagender Zylinder und Druckrollen
1956, 66 Seiten, 21 Abb., DM 14,10

HEFT 239
Prof. Dr.-Ing. K. Leist, Dipl.-Ing. H. Scheele, Aachen, und Dipl.-Ing. F. H. Flottmann, Herne
Versuche an einem neuartigen luftgekühlten Hochleistungs-Kolbenkompressor
1956, 72 Seiten, 19 Abb., 7 Tabellen, DM 14,40

HEFT 240
Prof. Dr.-Ing. K. Leist und Dipl.-Ing. H. Scheele, Aachen
Temperaturmessungen an einem einstufigen luftgekühlten 4-Zylinder-Kolbenkompressor mit Kühlgebläse
1956, 74 Seiten, 36 Abb., DM 14,80

HEFT 241
Prof. Dr.-Ing. K. Leist und Dipl.-Ing. M. Pötke, Aachen
Leistungsversuche an einem Kühlluftgebläse
1956, 60 Seiten, 13 Abb., DM 11,70

HEFT 242
Prof. Dr.-Ing. K. Leist und Dipl.-Ing. K. Graf, Aachen
Straßenfahrzeuge mit Gasturbinenantrieb
1956, 82 Seiten, 63 Abb., DM 17,20

HEFT 243
Prof. Dr.-Ing. K. Leist und Dipl.-Ing. S. Förster, Aachen
Die französische Kleingasturbine Artouste — 1. Teil
1956, 80 Seiten, 41 Abb., DM 15,85

HEFT 244
Prof. Dr. F. Wever, Dr. W. Koch und Dr. S. Eckhard, Düsseldorf
Erfahrungen mit der spektrochemischen Analyse von Gefügebestandteilen des Stahles
1956, 32 Seiten, 8 Abb., 2 Tabellen, DM 7,80

HEFT 245
Prof. Dr.-Ing. habil. K. Krekeler, Aachen
Das Verbinden von Metallen durch Kunstharzkleber. Teil I: Eigenschaften und Verwendung der Metallklebstoffe
1956, 48 Seiten, 8 Abb., DM 10,25

HEFT 246
Prof. Dr.-Ing. habil. K. Krekeler, Aachen
Das Verbinden von Metallen durch Kunstharzkleber. Teil II: Untersuchungen an geklebten Leichtmetall-Verbindungen
1956, 80 Seiten, 40 Abb., DM 17,50

HEFT 247
Dr. H. Söhngen, Darmstadt
Strömung vor einem Überschall-Laufrad
1956, 26 Seiten, 4 Abb., DM 7,60

HEFT 248
Rheinische Aktiengesellschaft für Braunkohlenbergbau und Brikettfabrikation, Köln
Untersuchung der Bindemitteleigenschaften von Braunkohlenfilteraschen
1956, 176 Seiten, 26 Abb., 30 Tabellen, DM 35,60

HEFT 249
Dr. M.-E. Meffert, Essen
Weitere Kulturversuche Scenedesmus obliquus
1956, 36 Seiten, 5 Abb., 10 Tabellen, DM 8,—

HEFT 250
Dr. F. Schwarz und Dr.-Ing. K. Alberti, Köln
Entwicklung von Untersuchungsverfahren zur Gütebeurteilung von Industriekalken
1956, 36 Seiten, 9 Abb., DM 16,50

HEFT 251
Prof. Dr. H. Bittel, Münster
Zur Statistik der ferromagnetischen Elementarvorgänge und ihren Einfluß auf das Barkhausenrauschen
1956, 52 Seiten, 14 Abb., DM 11,65

HEFT 252
Dipl.-Ing. H. Frings, Geilenkirchen
Die Wirkung abfallender Wetterführung auf Wettertemperatur, Grubengasgehalt und Staubbildung
1957, 126 Seiten, 23 Abb., 13 Falttafeln, 38 Tab., DM 35,70

HEFT 253
Dipl.-Ing. S. Schirmanski, Berghausen
Stand und Auswertung der Forschungsarbeiten über Temperatur- und Feuchtigkeitsgrenzen bei der bergmännischen Arbeit
1957, 80 Seiten, 24 Abb., 12 Tab., DM 17,10

HEFT 254
Prof. Dr. R. Danneel, Bonn
Quantitative Untersuchungen über die Entwicklung des Ehrlich-Ascitestumors bei Inzuchtmäusen
1956, 52 Seiten, 17 Tabellen, DM 11,75

HEFT 255
Ing. B. v. Schlippe, Bad Nauheim
Strömung von Flüssigkeiten mit temperaturabhängiger Zähigkeit (Kühlung von Öfen)
1956, 54 Seiten, 12 Abb., 4 Tabellen, DM 11,70

HEFT 256
Prof. Dr. C. Schmieden und Dipl.-Math. K. H. Müller, Darmstadt
Die Strömung einer Quellstrecke im Halbraum — eine strenge Lösung der Navier-Stokes-Gleichungen
1956, 40 Seiten, 9 Abb., DM 8,80

HEFT 257
Prof. Dr. G. Lehmann und Dr. J. Tamm, Dortmund
Die Beeinflussung vegetativer Funktionen des Menschen durch Geräusche
1956, 48 Seiten, 25 Abb., 3 Tabellen, DM 11,20

HEFT 258
Dr. H. Paul, Linz (Rhein), und Prof. Dr. O. Graf, Dortmund
Zur Frage der Unfälle im Bergbau
1956, 52 Seiten, 9 Abb., 22 Tabellen, DM 11,20

HEFT 259
Prof. Dr. W. Linke, Aachen
Strömungsvorgänge in künstlich belüfteten Räumen
1956, 52 Seiten, 37 Abb., 1 Tabelle, DM 11,80

HEFT 260
Prof. Dr. W. Kast, Freiburg (Br.), Prof. Dr. A. H. Stuart und Dipl.-Phys. H. G. Fendler, Hannover
Lichtzerstreuungsmessungen an Lösungen hochpolymerer Stoffe
1956, 70 Seiten, 25 Abb., 5 Tabellen, DM 15,60

HEFT 261
Prof. Dr. W. Kast, Freiburg (Br.)
Feinstruktur-Untersuchungen an künstlichen Zellulosefasern verschiedener Herstellungsverfahren. Teil II: Der Kristallisationszustand
1956, 80 Seiten, 27 Abb., 11 Tabellen, DM 17,20

HEFT 262
Dr.-Ing. W. Batel, Aachen
Untersuchungen zur Absiebung feuchter, feinkörniger Haufwerke und Schwingsieben
1956, 100 Seiten, 45 Abb., 5 Tabellen, DM 23,40

HEFT 263
Prof. Dr. H. Lange und Dipl.-Phys. R. Kohlhaas, Köln
Über die Wärmeleitfähigkeit von Stählen bei hohen Temperaturen: Teil I: Literaturbericht
1956, 48 Seiten, 26 Abb., 8 Tabellen, DM 10,70

HEFT 264
Prof. Dr. W. Weizel, Bonn
Durch schnelle Funkenzusammenbrüche ausgelöste Signale auf einer Leitung
1956, 26 Seiten, 4 Abb., 3 Tabellen, DM 6,10

HEFT 265
Prof. Dr. F. Micheel und Dr. R. Engel, Münster
Eine Apparatur zur elektrophoretischen Trennung von Stoffgemischen
1956, 38 Seiten, 21 Abb., DM 9,20

HEFT 266
Fliesen-Beratungsstelle Bad Godesberg-Mehlem
Güteeigenschaften keramischer Wand- und Bodenfliesen und deren Prüfmethoden
1956, 32 Seiten, DM 7,10

HEFT 267
Prof. Dr. W. Weizel und B. Brandt, Bonn
Zur Stabilität stromstarker Glimmentladungen
1956, 36 Seiten, 7 Abb., DM 8,40

WESTDEUTSCHER VERLAG · KÖLN UND OPLADEN

HEFT 268
Prof. Dr.-Ing. G. Vogelpohl, Göttingen
Über die Tragfähigkeit von Gleitlagern und ihre Berechnung
1956, 76 Seiten, 24 Abb., 7 Tabellen, DM 16,85

HEFT 269
Markscheider R. Bals, Bochum
Eignung des Gebirgsankerausbaus zur Erleichterung des Streckenvortriebs im Steinkohlenbergbau
1956, 84 Seiten, 41 Abb., DM 18,75

HEFT 270
Dr. H. Krebs und Mitarbeiter, Bonn
Die Trennung von Racematen auf chromatographischem Wege
1956, 62 Seiten, 18 Tabellen, DM 12,95

HEFT 271
Prof. Dr.-Ing. H. Opitz und Dipl.-Ing. H. Axer, Aachen
Beeinflussung des Verschleißverhaltens bei spanenden Werkzeugen durch flüssige und gasförmige Kühlmittel und elektrische Maßnahmen
1956, 46 Seiten, 28 Abb., DM 10,70

HEFT 272
Prof. Dr. W. Fuchs und Dr. H. Dresia, Aachen
Untersuchungen über die Schnellverbrennung und Schnellvergasung fester Brennstoffe
1956, 56 Seiten, 14 Abb., 3 Tabellen, DM 11,90

HEFT 273
Fa. K. W. Tacke G.m.b.H., Wuppertal-Barmen
Erfahrungen beim Verspinnen von Perlonfasern und bei der Herstellung von Trikotagen aus gesponnenem Perlon
1956, 36 Seiten, DM 7,90

HEFT 274
Prof. Dr.-Ing. K. Krekeler, Aachen
Qualitative Untersuchungen bei Verbindungsschweißungen mittels Lichtbogenschweißautomaten unter Verwendung von Blankdraht und Zugabe von ferromagnetischem Pulver als Umhüllung
1956, 68 Seiten, 40 Abb., 8 Tabellen, DM 15,45

HEFT 275
Prof. Dr.-Ing. habil. K. Krekeler, Aachen, und Dipl.-Ing. H. Verhoeven, Aachen
Quantitative Untersuchungen an Punktschweißverbindungen an Tiefzieh- und Aluminiumblechen, die nach dem Argonarc-Punktschweißverfahren hergestellt werden
1956, 64 Seiten, 45 Abb., DM 14,60

HEFT 276
Fa. E. Haage, Mülheim (Ruhr)
Entwicklungsarbeiten im Apparatebau für Laboratorien
1956, 48 Seiten, 18 Abb., DM 10,50

HEFT 277
Dr.-Ing. W. Müchler, Essen
Untersuchung und zahlenmäßige Bestimmung der Schneideigenschaften von Messern mit besonderer Berücksichtigung rostfreier Messerstähle
1956, 60 Seiten, 27 Abb., 5 Tabellen, DM 13,20

HEFT 278
Dipl.-Ing. J. Stelter und Dipl.-Ing. H. Kickert, Aachen
I. Sichtbarmachung von Ultraschallfeldern unter Verwendung photographischer Emulsionsschichten
II. Methode zur Bestimmung der wirklichen Temperaturverhältnisse in Flüssigkeiten während der Beschallung (Nach einer Diplom-Arbeit von H. Schnitzler)
1956, 54 Seiten, 24 Abb., DM 12,75

HEFT 279
Dr. F. Keune, Aachen
Der gewölbte und verwundene Tragflügel ohne Dicke in Schallnähe
1956, 42 Seiten, 15 Abb., DM 9,25

HEFT 280
Dipl.-Ing. J. Stelter und Dipl.-Ing. E. Pfende, Aachen
Über Störerscheinungen bei Schallgeschwindigkeitsmessungen mittels der Interferometermethode
1956, 42 Seiten, 13 Abb., DM 9,60

HEFT 281
Prof. Dr.-Ing. K. Lürenbaum, Aachen
Der Meßwagen des Instituts für Maschinen-Dynamik der Deutschen Versuchsanstalt für Luftfahrt, Aachen
1956, 34 Seiten, 17 Abb., DM 8,60

HEFT 282
Bergrat a. D. Scherer, Bochum
Das B. T.-Schwelverfahren und seine Anwendung auf der Anlage Marienau
1956, 44 Seiten, 7 Abb., DM 9,60

HEFT 283
Prof. Dr. F. Wever und Dr.-Ing. W. Lueg, Düsseldorf
Warmstauchversuche zur Ermittlung der Formänderungsfestigkeit von Gesenkschmiede-Stählen
1956, 44 Seiten, 19 Abb., DM 9,90

Heft 284
Prof. Dr. F. Wever, Düsseldorf, Dr.-Ing. H. J. Wiester, Essen, Dr.-Ing. F. W. Straßburg, Duisburg, Prof. Dr.-Ing. H. Opitz, Aachen, und Dr.-Ing. K. H. Fröhlich, Köln
Einfluß des Gefüges auf die Zerspanbarkeit von Einsatz- und Vergütungsstählen
1957, 88 Seiten, 126 Abb., 11 Tab., DM 22,45

HEFT 285
Prof. Dr.-Ing. O. Kienzle, Dr.-Ing. K. Lange, Hannover, und Dipl.-Ing. H. Meinert, Osterode
Einfluß der Oberfläche auf das Verschleißverhalten von Schmiedegesenken
1956, 62 Seiten, 29 Abb., 8 Tabellen, DM 14,60

HEFT 286
Dr.-Ing. K. Lange, Hannover, Dipl.-Ing. H. Meinert, Osterode, unter Mitarbeit von Dr.-Ing. H. Arend, Mülheim (Ruhr)
Verschleißverhalten hartverchromter Schmiedegesenke
1956, 74 Seiten, 53 Abb., 6 Tabellen, DM 17,65

HEFT 287
Prof. Dr.-Ing. habil. K. Krekeler, Aachen
Änderungen der mechanischen Eigenschaftswerte thermoplastischer Kunststoffe bei Beanspruchung in verschiedenen Medien
1956, 62 Seiten, 23 Abb., 5 Tabellen, DM 13,70

HEFT 288
Dr. K. Brücker-Steinkuhl, Düsseldorf
Anwendung mathematisch-statischer Verfahren in der Industrie
1956, 103 Seiten, 27 Abb., 14 Tabellen, DM 24,20

HEFT 289
Prof. Dr.-Ing. H. Winterhager, Aachen
Kombinierter Widerstands- und Lichtbogen-Vakuumofen zur Verarbeitung von Titanschwamm
Prof. Dr. Dr. h. c. R. Schwarz, Aachen
Erforschung neuer Wege zur Darstellung von Titanmetall
1957, 42 Seiten, 18 Abb., DM 9,70

HEFT 290
Dr. D. Horstmann, Düsseldorf
I. Der verstärkte Angriff des Zinks auf Eisen im Temperaturgebiet um 500° C
II. Einfluß eines Antimongehaltes auf den Angriff von Zinkschmelzen auf Eisen
1956, 48 Seiten, 33 Abb., 3 Tabellen, DM 11,90

HEFT 291
Dr.-Ing. H. J. Wiester und Dr. D. Horstmann, Düsseldorf
Der Angriff eisengesättigter Zinkschmelzen auf silizium- und manganhaltiges Eisen
1956, 52 Seiten, 45 Abb., 8 Tabellen, DM 12,60

HEFT 292
Dipl.-Ing. W. Rohs und Text.-Ing. H. Griese, Bielefeld
Webversuche an Leinenwebstühlen mit verbesserter Schaftbewegung
1956, 34 Seiten, 3 Abb., 2 Tabellen, DM 7,60

HEFT 293
Prof. J. W. Korte, unter Mitarbeit von Dipl.-Ing. P. A. Mäcke und Dipl.-Ing. W. Leutzbach, Aachen
Die Leistungsfähigkeit von Verkehrsanlagen des motorisierten städtischen Straßenverkehrs
1956, 98 Seiten, 35 Abb., 5 Tabellen, 1 Falttafel, DM 22,50

HEFT 294
Dipl.-Ing. B. Naendorf, Essen
Untersuchungen industrieller Gasbrenner
1956, 58 Seiten, 6 Abb., 3 Tabellen, DM 12,40

HEFT 295
Prof. Dr.-Ing. H. Opitz und Dipl.-Ing. H. Axer, Aachen
Untersuchung und Weiterentwicklung neuartiger elektrischer Bearbeitungsverfahren
1956, 42 Seiten, 27 Abb., DM 10,30

HEFT 296
Prof. Dr.-Ing. H. Opitz, Aachen
I. Untersuchungen an elektronischen Regelantrieben
II. Statische Untersuchungen zur Ausnutzung von Drehbänken
1956, 46 Seiten, 18 Abb., DM 10,40

HEFT 297
Dr. K. Schaarwächter, Düsseldorf
Die Reduktion von Siliziumtetrachlorid im Lichtbogen zur nachfolgenden Silizierung von Eisenblechen
1958, 30 Seiten, 12 Abb., DM 8,20

HEFT 298
Prof. Dr.-Ing. E. Oehler, Aachen
Untersuchung von kritischen Drehzahlen, die durch Kreiselmomente verursacht werden
1956, 50 Seiten, 35 Abb., DM 13,15

HEFT 299
Dr. J. Fassbender und W. Hoppe, Bonn
Eine photoelektrische Nachlaufeinrichtung für Analogie-Rechenmaschinen
1956, 20 Seiten, 8 Abb., DM 7,65

HEFT 300
Prof. Dr. E. Schütz und Privatdozent Dr. H. Caspers, Münster
Tierexperimentelle Untersuchungen über die Alkoholwirkungen auf Erregbarkeit und bioelektrische Spontanaktivität der Hirnrinde
1956, 44 Seiten, 6 Abb., 1 Tabelle, DM 9,55

HEFT 301
Prof. Dr. W. Weltzien, Dr. G. Cossmann und P. Diehl, Krefeld
Über die fraktionierte Füllung von Polyamiden (II)
1956, 54 Seiten, 1 Abb., 16 Tabellen, DM 11,30

HEFT 302
Prof. Dr.-Ing. W. Wegener und Dipl.-Ing. W. Zahn, Aachen
Untersuchungen von gesponnenen Garnen auf ihre Gleichmäßigkeit nach verschiedenen Meßmethoden
1957, 58 Seiten, 34 Abb., DM 15,20

HEFT 303
Prof. Dr. Ing. S. Kiesskalt, Aachen
Das Institut der Forschungsgesellschaft Verfahrenstechnik e. V. an der Technischen Hochschule Aachen
1956, 76 Seiten, 20 Abb., 3 Tabellen, DM 16,40

HEFT 304
Prof. Dr.-Ing. K. Krekeler, Düsseldorf, und Dipl.-Ing. A. Kleine-Albers, Aachen
Beitrag zur thermoelastischen Warmformbarkeit von Hart-PVC
1957, 72 Seiten, 29 Abb., DM 17,70

HEFT 305
Prof. Dr.-Ing. K. Krekeler, Düsseldorf, Dr.-Ing. H. Peukert, Aachen, und Dipl.-Ing. W. Schmitz, Siegburg
Heißgas-Schweißung von Hart-Polyvinylchlorid mit Zusatzwerkstoff
1956, 44 Seiten, 27 Abb., 5 Tabellen, DM 12,50

HEFT 306
Prof. Dr. B. Rensch, Münster
Elektrophysiologische Untersuchungen zur Analysierung der Bildung von Assoziationen und Gedächtnisspuren in Gehirn und Rückenmark
Prof. Dr. A. Loeser, Münster
Akute und chronische Giftwirkungen sauerstoffhaltiger Lösungsmittel
1956, 36 Seiten, 9 Abb., DM 8,90

HEFT 307
Privatdozent Dr. J. Juilfs, Krefeld
Vergleichende Untersuchungen zur elastischen und bleibenden Dehnung von Fasern
1956, 36 Seiten, 11 Abb., DM 8,30

HEFT 308
Privatdozent Dr. J. Juilfs, Krefeld
Zur Messung der Fadenglätte
1956, 22 Seiten, 10 Abb., 2 Tabellen, DM 8,—

HEFT 309
Prof. Dr. K. Cruse und Mitarbeiter, Clausthal-Zellerfeld
Aufbau und Arbeitsweise eines universell verwendbaren Hochfrequenz-Titrationsgerätes
1957, 48 Seiten, 29 Abb., DM 11,90

HEFT 310
Dr. P. F. Müller, Bonn
Die Integrieranlage des Rheinisch-Westfälischen Instituts für Instrumentelle Mathematik in Bonn
1956, 62 Seiten, 6 Abb., 30 Satzskizzen, DM 14,45

HEFT 311
Prof. Dr. F. Wever und Dr. M. Hempel, Düsseldorf
Dauerschwingfestigkeit von Stählen bei erhöhten Temperaturen
Teil I: Erkenntnisse aus bisherigen Dauerschwingversuchen in der Wärme
1956, 48 Seiten, 19 Abb., 2 Tabellen, DM 10,90

HEFT 312
Prof. Dr. F. Wever und Dr. M. Hempel, Düsseldorf
Dauerschwingfestigkeit von Stählen bei erhöhten Temperaturen
Teil II: Zug-Druck-Dauerschwingversuche an zwei warmfesten Stählen bei Temperaturen von 500 bis 650°
1956, 48 Seiten, 20 Abb., 3 Tabellen, DM 13,—

WESTDEUTSCHER VERLAG · KÖLN UND OPLADEN

HEFT 313
*Prof. Dr. F. Wever, Dr. W. Koch und
Dipl.-Phys. H. Rohde, Düsseldorf*
Änderungen des Habitus und der Gitterkonstanten des
Zementits in Chromstählen bei verschiedenen Wärmebehandlungen
1956, 88 Seiten, 29 Abb., 8 Tabellen, DM 20,90

HEFT 314
*Prof. Dr. F. Wever, Dr.-Ing. A. Krisch, Düsseldorf,
und Dr.-Ing. H.-J. Wiester, Essen*
Veränderungen im Gefügeaufbau von Chrom-Nickel-
Molybdän-Stählen bei langzeitiger Beanspruchung im
Zeitstandversuch bei 500°
1956, 48 Seiten, 26 Abb., 5 Tabellen, DM 11,70

HEFT 315
Prof. Dr. F. Wever und Dr.-Ing. A. Krisch, Düsseldorf
Metallkundliche Untersuchungen an Zeitstandproben
1956, 38 Seiten, 12 Abb., DM 9,15

HEFT 316
Dr. F. Keune, Aachen
Zusammenfassende Darstellung und Erweiterung des
Aequivalenzsatzes für schallnahe Strömung
1956, 80 Seiten, 22 Abb., DM 17,90

HEFT 317
Dr.-Ing. J. Stelter, Aachen
Mikrobiologische Ultraschallwirkungen
1957, 106 Seiten, 41 Abb., 12 Tab., DM 23,90

HEFT 318
Dipl.-Ing. H. Kickert, Aachen
Über die Ausbreitung von Ultraschall in Luft
1957, 78 Seiten, 51 Abb., 7 Tab., DM 19,20

HEFT 319
Prof. Dr. C. Kröger, Aachen
Gemengereaktionen und Glasschmelze
1957, 118 Seiten, 53 Abb., 16 Tab., DM 26,—

HEFT 320
Dr. H.-E. Caspary, Köln
Verwendung von Szintillationszählern an Stelle von
Zählrohren zur zerstörungsfreien Materialprüfung
1956, 42 Seiten, 13 Abb., 2 Tabellen, DM 10,10

HEFT 321
*Prof. Dr. F. Wever, Düsseldorf, und
Dr. W. Wepner, Köln*
Gleichzeitige Bestimmung kleiner Kohlenstoff- und
Stickstoffgehalte im α-Eisen durch Dämpfungsmessung
1956, 30 Seiten, 3 Abb., 4 Tabellen, DM 6,80

HEFT 322
*Prof. Dr.-Ing. F. Bollenrath und
Dipl.-Ing. W. Domke, Aachen*
Eigenspannungen in vergüteten, dickwandigen Stahl-
zylindern nach Oberflächenhärtung mit induktiver Erwärmung
1956, 30 Seiten, 9 Abb., 2 Tabellen, DM 6,90

HEFT 323
Prof. Dr. R. Seyffert, Köln
Wege und Kosten der Distribution der Textilien, Schuh-
und Lederwaren
1956, 98 Seiten, 37 Tabellen, 1 Falttaf., DM 12,—

HEFT 324
*Prof. Dr.-Ing. H. Opitz, Dr.-Ing. E. Saljé und
Dipl.-Ing. K. E. Schwartz, Aachen*
Richtwerte für das Außenrund-Längs- und Einstech-
schleifen
1956, 62 Seiten, 44 Abb., 2 Tabellen, DM 13,85

HEFT 325
Prof. Dr. E. Schratz, Münster
Pharmakognostische Untersuchungen am Medizinal-
Rhabarber
1957, 62 Seiten, 29 Abb., 3 Tabellen, DM 17,90

HEFT 326
Prof. Dr.-Ing. E. Essers und Mitarbeiter, Aachen
Deichselkräfte an Lastzügen
1957, 96 Seiten, 34 Abb., DM 22,10

HEFT 327
*Prof. Dr.-Ing. habil. K. Krekeler und
Dr.-Ing. H. Peukert, Aachen*
Beitrag zur thermoelastischen Formbarkeit von Polyäthylen
1956, 56 Seiten, 49 Abb., 9 Tabellen, DM 12,80

HEFT 328
Dr. H. Maeder, Belo Horizonte
Schweißen von Temperguß
1957, 92 Seiten, 59 Abb., 42 Tabellen, DM 25,50

HEFT 329
*Dipl.-Ing. A. Krüger, Karlsruhe, und Feuerwehr-Ing.
R. Radusch, Dortmund*
Wasserzerstäubung im Strahlrohr
1956, 86 Seiten, 21 Abb., 3 Tabellen, DM 18,65

HEFT 330
Dipl.-Physiker E. Pepping, Aachen
Die Durchflußzahl des Rechteckschlitzes in einer sehr
großen Wand
1957, 54 Seiten, 21 Abb., DM 12,35

HEFT 331
Dipl.-Ing. G. Bretschneider, Ruit
Die Messung der wiederkehrenden Spannung mit Hilfe
des Netzmodelles
1957, 46 Seiten, 21 Abb., 2 Tab., DM 11,20

HEFT 332
Prof. Dr.-Ing. R. Jaeckel und Dr. G. Reich, Bonn
Messung von Dampfdrucken im Gebiet unter 10^{-2} Torr
1956, 42 Seiten, 16 Abb., 2 Tabellen, DM 10,40

HEFT 333
*Prof. Dr.-Ing. W. Sturtzel und
Dr.-Ing. W. Graff, Duisburg*
I. Der Flachwassereinfluß auf den Form- und Reibungs-
widerstand von Binnenschiffen
II. Der Flachwassereinfluß auf die Nachstrom- und
Sogverhältnisse bei Binnenschiffen
1956, 44 Seiten, 14 Abb., DM 9,80

HEFT 334
Prof. Dr. W. Weizel und Dr. G. Meister, Bonn
Spektralanalyse durch Messung des Interferenz-Kontrastes
1956, 42 Seiten, DM 9,30

HEFT 335
Prof. Dr. W. Weizel und H. Hornberg, Bonn
Untersuchungen der anodischen Teile einer Glimmentladung
1957, 62 Seiten, 14 Farbabb., 21 Abb., 1 Tab., DM 32,80

HEFT 336
Dr. Tung-ping Yao, Aachen
Die Viskosität metallischer Schmelzen
1957, 64 Seiten, 28 Abb., 2 Tab., DM 14,40

HEFT 337
Dr. R. Hoeppener und Dr. W. Bierther, Bonn
Tektonik und Lagestätten im Rheinischen Schiefer-
gebirge
1957, 66 Seiten, 14 Abb., DM 16,25

HEFT 338
*Dr.-Ing. W. Wegener, Aachen, und
Dipl.-Ing. J. Schneider, M.-Gladbach*
Die Bedeutung der Knotenart für die Herabminderung
der Fadenbrüche
1957, 40 Seiten, 6 Abb., DM 9,80

HEFT 339
*Prof. Dr.-Ing. W. Wegener und
Dipl.-Ing. W. Zahn, Aachen*
Vergleich des normalen mit verschiedenen abgekürzten
Baumwollspinnverfahren in bezug auf Gleichmäßigkeit
und Sortierungsstreuung der Garne
1956, 56 Seiten, 17 Abb., 17 Tabellen, DM 12,70

HEFT 340
Dipl.-Ing. W. Rohs und Dipl.-Ing. R. Otto, Bielefeld
Das Naßspinnen von Bastfasergarnen mit Spinnbad-
zusätzen unter Ausnutzung einer zentralen Spinnwasser-
versorgungsanlage
1956, 56 Seiten, 2 Abb., 6 Tabellen, DM 11,60

HEFT 341
*Prof. Dr.-Ing. H. Winterhager und Dipl.-Ing. L. Werner,
Aachen*
Präzisions-Meßverfahren zur Bestimmung des elek-
trischen Leitvermögens geschmolzener Salze
1956, 44 Seiten, 19 Abb., 1 Tabelle, DM 10,60

HEFT 342
*Prof. Dr.-Ing. H. Winterhager und Dipl.-Ing. W. Barthel,
Aachen*
Die Gewinnung von Titanschlackenkonzentraten aus
eisenreichen Ilemniten
1957, 60 Seiten, 30 Abb., 6 Tab., DM 13,30

HEFT 343
*Prof. Dr.-Ing. W. Petersen, Aachen, und Dipl.-Ing.
S. Wawroschek, Aachen*
Die zweckmäßigsten Gütebestimmungsverfahren und
Brikettierungsbedingungen bei der Erzeugung von
Braunkohlen-Eisenerz-Briketts
1956, 64 Seiten, 28 Abb., DM 13,95

HEFT 344
Prof. Dr.-Ing. W. Fucks, Aachen
Zur Deutung einfachster mathematischer Sprach-
charakteristiken
1956, 38 Seiten, 12 Abb., DM 7,80

HEFT 345
Dipl.-Ing. G. Cerbe und Dipl.-Ing. H. Monstadt, Essen
Konvektive Trocknung mit gasbeheizter Luft und
Trocknung durch Gasstrahler
1957, 46 Seiten, 16 Abb., DM 10,40

HEFT 346
Dipl.-Ing. O. Arnold, Aachen
Erfahrungen mit Kernbohrungen zur Lagerstätten-
untersuchung im Erzbergbau
1957, 36 Seiten, 2 Abb., 3 Falttaf. 6 Tab., DM 8,80

HEFT 347
S. Ruff, F. Kipp, H. Hansteen und G. Müller, Bonn
Untersuchungen zur Frage der Gehörschädigungen des
fliegenden Personals der Propellerflugzeuge
1957, 50 Seiten, 27 Abb., 3 Tab., DM 11,10

HEFT 348
*Prof. Dr.-Ing. E. Piwowarsky
und Dr.-Ing. E. G. Nickel, Aachen*
Metallurgie eines hochwertigen Gußeisens mit kom-
pakter bis kugelförmiger Graphitausbildung
1957, 54 Seiten, 27 Abb., 5 Tab., DM 13,30

HEFT 349
*Dr.-Ing. W. A. Fischer, Dr.-Ing. H. Treppschuh
und Dr.-Ing. K. H. Köthemann, Düsseldorf*
Tiegel aus Schmelzmagnesia für Vakuuminduktions-
öfen
1957, 34 Seiten, 14 Abb., DM 8,40

HEFT 350
*Prof. Dr.-Ing. habil. K. Krekeler
und Dr.-Ing. H. Peukert, Aachen*
Das Spannungsverhalten der Kunststoffe bei der Verarbeitung
1958, 32 Seiten, 12 Abb., DM 20,—

HEFT 351
*Prof. Dr.-Ing. H. Opitz, Dipl.-Ing. H. Axer und
Dipl.-Ing. H. Rhode, Aachen*
Zerspanbarkeit hochwarmfester und nichtrostender
Stähle. Teil I
1957, 96 Seiten, 73 Abb., 2 Tab., DM 21,80

HEFT 352
Dipl.-Ing. H. Fauser, Aachen
Fahrdynamik und Batterie-Arbeitsverbrauch von
Akkumulatorenlokomotiven im Untertagebetrieb
1957, 152 Seiten, 78 Abb., DM 36,10

HEFT 353
Forschungsinstitut für Rationalisierung, Aachen
Schlagwortregister zur Rationalisierung
1957, 376 Seiten, DM 56,—

HEFT 354
Dipl.-Ing. D. Wagener, Aachen
Auswirkungen neuer Gaserzeugungs-Verfahren unter
Berücksichtigung der Auswirkung auf den Kokerei-
betrieb
in Vorbereitung

HEFT 355
*Prof. Dr.-Ing. habil. K. Krekeler, Dr.-Ing. H. Peukert und
Dipl.-Ing. A. Kleine-Albers, Aachen*
Heißgas-Schweißungen von Weich-Polyvinylchlorid
mit Zusatzwerkstoff
1957, 44 Seiten, 19 Abb., DM 11,—

HEFT 356
Dipl.-Phys. G. Gurke, Aachen
Aufbau einer Meßanlage für Untersuchungen elektrischer Gasentladung im Bereiche großer p. d.-Werte
1956, 38 Seiten, 13 Abb., DM 8,65

HEFT 357
Prof. Dr.-Ing. W. Fucks, Aachen
Mathematische Analyse der Formalstruktur von Musik
1958, 54 Seiten, 29 Abb., 16 Tabellen, DM 13,60

HEFT 358
*Prof. Dr. rer. nat. W. Weltzien, Dipl.-Chem. P. Ringel
und Text.-Ing. H. Kirchhoff, Krefeld*
Die Waschechtheit von Färbungen. Vergleichende Untersuchungen auf dem Gebiete der Echtheitsprüfung
1958, 62 Seiten, 12 farb. Abb., DM 58,—

HEFT 359
Dr.-Ing. F. J. Meister, Düsseldorf
Veränderung der Hörschärfe, Lautheitsempfindung
und Sprachaufnahme während des Arbeitsprozesses bei
Lärmarbeitern
*1957, 84 Seiten, 11 Abb., 40 Audiogramme,
41 Tab., DM 19,90*

HEFT 360
Dr.-Ing. E. Barz, Remscheid
Fertigungsverfahren und Spannungsverlauf bei Kreissägeblättern für Holz
1957, 72 Seiten, 40 Abb., DM 17,—

HEFT 361
Dipl.-Ing. H. F. Klein, Aachen
Die nichtstationären Strömungsvorgänge und der
Wärmeübergang in einem Schwingfeuergerät
1957, 84 Seiten, 34 Abb., 4 Falttafeln, DM 25,90

HEFT 362
*Prof. Dr. med. G. Lehmann und Dipl.-Phys.
D. Dieckmann, Dortmund*
Die Wirkung mechanischer Schwingungen (0,5 bis
100 Hertz) auf den Menschen
1957, 100 Seiten, 53 Abb., 6 Tab., DM 22,50

WESTDEUTSCHER VERLAG · KÖLN UND OPLADEN

HEFT 363
Dr.-Ing. U. Domm, Frankenthal (Pfalz)
Über eine Hypothese, die den Mechanismus der Turbulenz-Entstehung betrifft
1956, 28 Seiten, 4 Abb., DM 6,45

HEFT 364
Prof. Dr. Th. Beste, Köln
Die Mehrkosten bei der Herstellung ungängiger Erzeugnisse im Vergleich zur Herstellung vereinheitlichter Erzeugnisse
1957, 352 Seiten, DM 50,—

HEFT 365
Sozialforschungsstelle an der Universität Münster, Dortmund
Standort und Wohnort
1957, Textband: 350 Seiten, 28 Karten, 73 Tab.
Anlageband: 15 Karten, 21 Tab., DM 99,—

HEFT 366
Versuchsanstalt für Binnenschiffbau e. V., Duisburg
Bei Flachwasserfahrten durch die Strömungsverteilung am Boden und an den Seiten stattfindende Beeinflussung des Reibungswiderstandes von Schiffen
1957, 96 Seiten, 39 Abb., 28 Tab., DM 20,40

HEFT 367
Dr. rer. nat. D. Horstmann, Düsseldorf
Der Angriff eisengesättigter Zinkschmelzen auf kohlenstoff-, schwefel- und phosphorhaltiges Eisen
1957, 52 Seiten, 22 Abb., 6 Tab., DM 12,85

HEFT 368
Prof. Dr. phil. H. Kaiser, Dortmund
Entwicklung betriebsmäßiger spektrochemischer Analysenverfahren für technische Gläser
1957, 40 Seiten, 11 Abb., DM 9,10

HEFT 369
Prof. Dr.-Ing. R. Jaeckel und Dipl.-Phys. F. J. Schittko, Bonn
Gasabgabe von Werkstoffen ins Vakuum
1957, 48 Seiten, 20 Abb., 6 Tab., DM 13,30

HEFT 370
Dr. phil. habil. F. Schwarz, Köln
Physikochemische Grundlagen der Bildsamkeit von Kalken unter Einbeziehung des Begriffes der aktiven Oberfläche
in Vorbereitung

HEFT 371
Dr. phil. W. Lejeune, Köln
Beitrag zur statistischen Verifikation der Minderheiten-Theorie
1958, 80 Seiten, 14 Abb., DM 17,90

HEFT 372
Prof. Dr. phil. M. von Stackelberg, Bonn
Untersuchungen zur Ausarbeitung und Verbesserung von polarographischen Analysenmethoden. 2. Bericht
1957, 44 Seiten, 9 Abb., 7 Tab., DM 10,10

HEFT 373
Dipl.-Ing. H. J. Koch, Essen
Druckgasfeuerung — ein Verfahren zum Betrieb von Gasfeuerstätten
1957, 38 Seiten, 8 Abb., 10 Tab., DM 8,50

HEFT 374
Dr. E. Paproth, Krefeld
Paläontologische Bearbeitung der in den devonischen Schichten des Siegerlandes enthaltenen Faunen
1957, 38 Seiten, 3 Tab., DM 8,30

HEFT 375
Technischer Überwachungsverein e. V., Essen
Wanddickenmessungen mittels radioaktiver Strahlen und Zählrohrgerät
1958, 38 Seiten, 15 Abb., DM 9,55

HEFT 376
Technischer Überwachungsverein e. V., Essen
Wasserumlaufprobleme an Hochdruckkesseln
1958, 140 Seiten, 56 Abb., 8 Tabellen DM 32,60

HEFT 377
Technischer Überwachungsverein e. V., Essen
Versuche an Wanderrostkesseln mit befeuchteter Verbrennungsluft
1958, 50 Seiten, 19 Abb., 3 Tabellen., DM 12,20

HEFT 378
Oberingenieur H. Stein, M.-Gladbach
Beobachtung und maßtechnische Erfassung der Vorgänge im Spinn- und Aufwindefeld von Ringspinn- und Ringzwirnmaschinen
1957, 104 Seiten, 88 Abb., 3 Tabellen, DM 26,90

HEFT 379
Laboratorium für textile Meßtechnik, M.-Gladbach
Schußfadenspannung beim Weben
1957, 76 Seiten, 17 Abb., 3 Tabellen, DM 18,60

HEFT 380
Dipl.-Phys. R. Trappenberg, Karlsruhe
Theoretische und experimentelle Untersuchungen zur Staubverteilung einer Rauchfahne
1957, 64 Seiten, 7 Abb., 18 Tabellen, DM 14,90

HEFT 381
Dr. J. Juilfs, Krefeld
Zur Dichtebestimmung von Fasern. Methoden und Beispiele der praktischen Anwendung
1957, 76 Seiten, 34 Abb., 18 Tabellen, DM 17,—

HEFT 382
Dr. phil. habil. P. Hölemann, Ing. R. Hasselmann und Ing. G. Dix, Dortmund
Die Messung von Flammen und Detonationsgeschwindigkeiten bei der explosiven Zersetzung von Acetylen in Rohren
1957, 36 Seiten, 7 Abb., 4 Tab., DM 8,10

HEFT 383
Dr. phil. habil. P. Hölemann und Ing. R. Hasselmann, Dortmund
Verlauf von Azetylenexplosionen in Rohren bei Gegenwart von porösen Massen
1957, 68 Seiten, 10 Abb., 15 Tabellen, DM 16,60

HEFT 384
Prof. Dr.-Ing. H. Opitz, Aachen
Schwingungsuntersuchungen an Werkzeugmaschinen
in Vorbereitung

HEFT 385
Prof. Dr.-Ing. H. Opitz, Aachen
Zerspanbarkeit hochwarmfester und nichtrostender Stähle. Teil II
1957, 86 Seiten, 54 Abb., 5 Tabellen, DM 19,30

HEFT 386
Prof. Dr.-Ing. H. Opitz, Aachen
Standzeituntersuchungen und Verschleißmessungen mit radioaktiven Isotopen
1958, 50 Seiten, 33 Abb., 3 Tabellen, DM 12,75

HEFT 387
Prof. Dr. med. W. Kikuth und Dozent Dr. med. L. Grün, Düsseldorf
Die Verhütung von Infektion durch Desinfektion des Raumes und der Raumluft
1957, 96 Seiten, 14 Abb., 20 Tab., DM 22,50

HEFT 388
Prof. Dr. rer. nat. habil. W. Baumeister und Dr. rer. nat. H. Burgkardt, Münster
Die Bedeutung der Elemente Zink und Fluor für das Pflanzenwachstum
1957, 48 Seiten, 17 Abb. DM 10,20

HEFT 389
Prof. Dr.-Ing. habil. H. Fink und K. W. Hoppenhaus, Köln
Die biologische Eiweiß-Synthese von höheren und niederen Pilzen und die alimentäre Lebernekrose der Ratte
1957, 76 Seiten, 2 Abb., 24 Tab., DM 15,60

HEFT 390
Dr.-Ing. J. Endres und Dr.-Ing. G. Hiebel, München
Berechnung der optimalen Leistungen, Kraftstoffverbräuche und Wirkungsgrade von Luftfahrt-Gasturbinen-Triebwerken am Boden und in der Höhe bei Fluggeschwindigkeiten von 0—2000 km/h und bei vorgegebenen Düsenausströmgeschwindigkeiten
1958, 130 Seiten, 16 Abb., DM 24,90

HEFT 391
Prof. Dr. phil. F. Wever, Dr. phil. W. Koch und Dipl.-Chem. F. Stricker, Düsseldorf
Die quantitative spektrographische Analyse von Gasgemischen aus Kohlenmonoxyd, Wasserstoff und Stickstoff
1957, 48 Seiten, 21 Abb., 3 Tab., DM 11,30

HEFT 392
Prof. Dr. phil. F. Wever u. a., Düsseldorf
Untersuchungen über den Konverterrauch im Hinblick auf die spektrale Überwachung des Thomasprozesses
1957, 48 Seiten, 14 Abb., 4 Tab., DM 12,10

HEFT 393
Dr.-Ing. O. Viertel und S. Brückner-Lucas, Krefeld
Arbeitszeitstudien an Haushaltwaschmaschinen
1957, 74 Seiten, 8 Abb., 13 Tab., DM 17,30

HEFT 394
Privatdozent Dr. med. W. Koch, Münster
Die Ablagerung radioaktiver Substanzen im Knochen
1958, 264 Seiten, 147 Abb., DM 51,00

HEFT 395
Dipl.-Ing. L. Hahn, Clausthal-Zellerfeld
Untersuchungen zur Frage des optimalen Bohrloch- und Patronendurchmessers
1957, 132 Seiten, 49 Abb., 19 Tab., DM 31,25

HEFT 396
Prof. Dr.-Ing. F. Schultz-Grunow, Dr.-Ing. A. Jogerich, Essen, Dipl.-Ing. H. Meyer, cand. ing. P. Sand, Aachen
Untersuchungen des Luftwiderstandes von Güterwagen
1957, 42 Seiten, 18 Abb., 5 Tab., DM 10,90

HEFT 397
Techn.-Wissenschaftliches Büro für die Bastfaserindustrie, Bielefeld
Ungleichmäßigkeiten in Bändern von Bastfaserkarden, ihre Ursachen und Auswirkungen
1957, 60 Seiten, 18 Abb., 1 Tab., DM 14,80

HEFT 398
Prof. Dr. habil. H. E. Schwiete, Aachen, u. a.
Einlagerungsversuche an synthetischem Mullit I. — Die Zusammensetzung der Schmelzphase in Schamottesteinen I
1957, 58 Seiten, 6 Abb., 9 Tab., DM 14,40

HEFT 399
Prof. Dr. habil. H. E. Schwiete und Dr.-Ing. R. Vinkeloe, Aachen
Möglichkeiten der quantitativen Mineralanalyse mit dem Zählrohrgerät unter besonderer Berücksichtigung der Mineralgehaltsbestimmung von Tonen
1958, 102 Seiten, 34 Abb., 1 Tabelle, DM 26,70

HEFT 400
Prof. Dr. phil. W. Fuchs und Dipl.-Chem. H. Weyerstrass, Aachen
Entwicklung eines Heißfilters zur Reinigung von Gichtgas eines mit Kohle betriebenen Niederschachtofens
1958, 88 Seiten, 30 Abb., DM 20,20

HEFT 401
Prof. Dr.-Ing. M. Lipp und Dipl.-Chem. G. Frielingsdorf, Aachen
Darstellung reaktionsfähiger Verbindungen des Camphansystems und Versuche zu deren Fluorierung
1957, 84 Seiten, DM 17,—

HEFT 402
Prof. Dr. W. Linke, Aachen
Die Wärmeübertragung durch Thermopane-Fenster
1958, 44 Seiten, 17 Abb., 2 Tabellen, DM 10,80

HEFT 403
Prof. Dr.-Ing. P. Denzel und Dipl.-Ing. W. Cremer, Aachen
Verbesserung der Benutzungsdauer der Höchstlast in ländlichen Netzen durch Anwendung elektrischer Geräte in der Landwirtschaft
1957, 46 Seiten, 23 Abb., DM 12,10

HEFT 404
Prof. Dr. R. Jaeckel und Dipl.-Phys. F. Gross, Bonn
Die Löslichkeit von Gasen in schwerflüchtigen organischen Flüssigkeiten
1957, 46 Seiten, 17 Abb., 1Tab., DM 11,50

HEFT 405
Prof. Dr.-Ing. H. Opitz und Dipl.-Ing. H. Schuler, Aachen
Untersuchungen für einen Wirtschaftlichkeitsvergleich der Feinbearbeitungsverfahren
1958, 72 Seiten, 43 Abb., DM 17,90

HEFT 406
W. Kirsch, Remscheid
Entwicklungsarbeiten auf dem Gebiete des Korrosionsschutzes
1957, 86 Seiten, 28 Abb., 11 Tabellen, DM 19,—

HEFT 407
Prof. Dr.-Ing. H. Schenk, Aachen, und Dr.-Ing. W. Wenzel, Bad Godesberg
Entwicklungsarbeiten auf dem Gebiete der Verhüttung von Erzstaub in Schmelzkammern
1957, 82 Seiten, 9 Abb., 18 Tabellen, DM 17,10

HEFT 408
Prof. Dr. phil. F. Wever, Dr.-Ing. W. Lueg und Dr.-Ing. H. G. Müller, Düsseldorf
Kraft- und Arbeitsbedarf beim Warmscheren von Stahl in Abhängigkeit von Temperatur und Schnittgeschwindigkeit
1957, 46 Seiten, 15 Abb., 3 Tab., DM 11,35

WESTDEUTSCHER VERLAG · KÖLN UND OPLADEN

HEFT 409
Prof. Dr. phil. F. Wever, Dr. phil. W. Koch, Dr. rer. nat. Ch. Ilschner-Gensch und Dipl.-Phys. H. Rohde, Düsseldorf
Das Auftreten eines kubischen Nitrids in aluminiumlegierten Stählen
1957, 38 Seiten, 12 Abb., 3 Tabellen, DM 10,10

HEFT 410
Prof. Dr. phil. F. Wever, Prof. Dr. rer. techn. A. Kochendörfer, Dr. phil. nat. M. Hempel, Düsseldorf und Dipl.-Phys. E. Hillenhagen, Köln
Biegewechselversuche mit Flachproben aus Alpha-Eisen-Einkristallen zur Bestimmung der Wechselfestigkeit und der Gleitspuren
1957, 112 Seiten, 58 Abb., 3 Tabellen, DM 30,—

HEFT 411.
Prof. Dr. W. Halbsguth und Dr. L. Sommer, Frankfurt/M.
Grundlegende Versuche zur Keimungsphysiologie von Pilzsporen
1957, 100 Seiten, 13 Abb., 32 Tabellen., DM 22,70

HEFT 412
Prof. Dr.-Ing. H. Opitz, Aachen
Kennwerte und Leistungsbedarf für Werkzeugmaschinengetriebe
1958, 72 Seiten, 35 Abb., DM 17,20

HEFT 413
Prof. Dr.-Ing. H. Opitz, Aachen
Richtwerte für das Fräsen von unlegierten und legierten Baustählen mit Hartmetall, Teil II
1957, 56 Seiten, 35 Abb., 4 Tabellen, DM 14,40

HEFT 414
Dr. med. H.-K. Parchwitz und Dr. med. C. Winkler, Bonn
Speicherung organischer Farbstoffe und künstlich radioaktiver Substanzen in Geschwülsten
1958, 46 Seiten, 14 Abb., DM 13,35

HEFT 415
Prof. Dr.-Ing. W. Paul, Dr. rer. nat. O. Osberghaus und Dipl.-Phys. E. Fischer, Bonn
Ein Ionenkäfig
1958, 56 Seiten, 18 Abb., DM 13,65

HEFT 416
Oberreg.-Gewerberat Dipl.-Ing. G. Steinicke, Hamburg
Die Wirkung von Lärm auf den Schlaf des Menschen
1957, 46 Seiten, 14 Abb., 8 Tab., DM 11,60

HEFT 417
Prof. Dr.-Ing. habil. E. Rößger, Berlin
I. Teil: Die Entwicklung des Weltluftverkehrs, Ergänzungsbericht 1954
II. Teil: Die zivile Luftfahrtpolitik der USA
1957, 230 Seiten, 6 Abb., 83 Tab., DM 48,—

HEFT 418
O. Gdaniec, Mülheim/Ruhr
Über die Randlochkarte als Hilfsmittel in der Dokumentation
1957, 44 Seiten, 15 Abb., 8 Tab., DM 10,10

HEFT 419
Dipl.-Ing. K. Brooks
Die Messungen der Reflexionseigenschaften künstlicher und natürlicher Materialien mit quasi-optischen Methoden bei Mikrowellen
1957, 78 Seiten, 52 Abb., DM 20,35

HEFT 420
Dipl.-Ing. M. Vogel, Oberpaffenhofen
Das Spektralgebiet zwischen dem langwelligen Ultrarot und Mikrowellen
1957, 66 Seiten, 2 Abb., DM 13,50

HEFT 421
ORR Dipl.-Volkswirt Dr. H. Rogmann, Düsseldorf
Die Erforschung der Verkehrskonjunktur und der langzeitigen Dynamik in der Verkehrswirtschaft (Zusammenfassung der eingegangenen Stellungnahmen und Vorschläge)
1957, 168 Seiten, 3 Falttafeln, DM 26,60

HEFT 422
Prof. Dr.-Ing. K. Leist und Dipl.-Ing. W. Dettmering, Aachen
Prüfstände zur Messung der Druckverteilung an rotierenden Schaufeln
in Vorbereitung

HEFT 423
Prof. Dr.-Ing. K. Leist und Dr.-Ing. O. Thun, Aachen
Strömungsmessungen über Brennkammer-Wirkungsgrade
in Vorbereitung

HEFT 424
Prof. Dr.-Ing. K. Leist und Dipl.-Ing. I. Weber, Aachen
Spannungsoptische Untersuchungen von rotierenden Scheiben mit exzentrischen Bohrungen
1958, 74 Seiten, 80 Abb., 7 Tab., DM 22,65

HEFT 425
Dipl.-Ing. H. Lübke, Hamburg
Gasturbinen und Strahlantriebe für Hubschrauber
1958, 120 Seiten, 70 Abb., 9 Falttafeln, 1 Tab., DM 30,40

HEFT 426
Prof. Dr.-Ing. H. Opitz und Dipl.-Ing. W. Scholz, Aachen
Untersuchungen über den Räumvorgang
1957, 74 Seiten, 36 Abb., 7 Tab., DM 16,55

HEFT 427
Dr.-Ing. J. Endres, München
Kinematische Untersuchung eines Zweitakt-Hochleistungs-Dieseltriebwerks mit achsparallelen Zylindern und gegenläufigen Kolben
1958, 46 Seiten, 15 Abb., DM 11,55

HEFT 428
Dr.-Ing. J. Endres, München
Untersuchungen der Beschleunigungsverhältnisse eines Zweitakt-Hochleistungs-Dieseltriebwerks mit achsparallelen Zylindern und gegenläufigen Kolben
in Vorbereitung

HEFT 429
Prof. Dr. O. Kuhn, Köln
Selektive Wirkung verschiedener Stoffgruppen auf tierische Gewebe
1957, 54 Seiten, 32 Abb., DM 13,15

HEFT 430
Prof. Dr. G. Garbotz, Aachen und Dr.-Ing. G. Dress, Cadiz
Untersuchungen über das Kräftespiel an Flachbagger-Schneidwerkzeugen in Mittelsand und schwach bindigem, sandigem Schluff unter besonderer Berücksichtigung der Planierschilde und ebenen Schürfkübelschneiden
1958, 156 Seiten, 81 Abb., DM 37,50

HEFT 431
Prof. Dr.-Ing. H. Winterhager, Dr.-Ing. R. Kammel und Dipl.-Ing. W. Barthel, Aachen
Fortschritte auf dem Gebiet der Titanmetallurgie 1950—1955
1957, 160 Seiten, DM 34,50

HEFT 432
Dipl.-Phys. R. Werz, Bonn
Die Entwicklung einer Synchrozyklotron-Ionenquelle
1958, 122 Seiten, 90 Abb., 1 Tabelle, DM 30,30

HEFT 433
Dr.-Ing. G. Satlow, Aachen
Über einige physikalische und chemische Eigenschaften der Wolle von der gewaschenen Wolle bis zum Kammzug
1957, 72 Seiten, 15 Abb., 19 Tab., DM 15,25

HEFT 434
Dipl.-Ing. W. Rohs und Dr. J. Geurten, Bielefeld
Schlichten für Baumwollgarne
1957, 108 Seiten, 3 Abb., zahlreiche Tab., DM 23,70

HEFT 435
Dipl.-Ing. W. Rohs und Dipl.-Ing. L. Steinmetz, Bielefeld
Die Masseungleichmäßigkeit von Flachstreckenbändern in Abhängigkeit von Verzug und Dopplung
1957, 42 Seiten, 4 Abb., 2 Tabellen, DM 9,90

HEFT 436
Priv.-Doz. Dr. habil. J. Juilfs, Krefeld
Zur Bestimmung der Reißlast (Zugfestigkeit) von Fasern, Fäden und Garnen
in Vorbereitung

HEFT 437
Prof. Dr. G. Schmölders und Dr. I. Meyer, Köln
Geldwertbewußtsein und Münzpolitik. — Das sogenannte Gresham'sche Gesetz im Lichte der ökonomischen Verhaltensforschung
1957, 92 Seiten, DM 20,30

HEFT 438
Prof. Dr.-Ing. H. Winterhager und Dr.-Ing. L. Werner, Aachen
Bestimmung des elektrischen Leitvermögens geschmolzener Fluoride
1957, 52 Seiten, 18 Abb., 10 Tab., DM 11,90

HEFT 439
Prof. Dr. phil. H. Lange, Köln und Dr. rer. nat. R. Kohlhaas, Neuß/Rh.
Anwendung der thermomagnetischen Analyse zum Studium des Umwandlungsverhaltens von Eisenwerkstoffen im Temperaturbereich von —150°C bis +1500°C
1958, 108 Seiten, 72 Abb., 2 Tabellen, DM 27,10

HEFT 440
Dr.-Ing. H. Wolf, Aachen
Gekoppelte Hochfrequenzleitungen als Richtkoppler
1958, 122 Seiten, 44 Abb., DM 31,60

HEFT 441
Dr. phil. habil. P. Hölemann und Ing. R. Hasselmann, Düsseldorf
Messung des Temperatur- und Druckverlaufes beim Füllen und Entspannen von Dissousgas
1957, 52 Seiten, 6 Abb., 7 Tab., DM 11,25

HEFT 442
Dipl.-Ing. W. Rohs, Text.-Ing. Griese und Text.-Ing. W. Lauer, Bielefeld
Die Auswirkungen der Trocknungsart naßgesponnener Leinengarne auf deren Verarbeitungswirkungsgrad sowie auf die Festigkeits- und Dehnungseigenschaften der Garne und Gewebe
1957, 28 Seiten, 2 Abb., 3 Tab., DM 6,50

HEFT 443
Prof. Dr. phil. W. Weizel und K. Kluth, Bonn
Über die Struktur der positiven Gleitentladungen
1957, 44 Seiten, 30 Abb., DM 12,20

HEFT 444
Dr.-Ing. W. Wilhelm, Aachen
Einfluß der Saugrohrabmessung, der Einlaßsteuerlage und der Größe des Kurbelkastenvolumens auf den Ladungswechsel eines Einzylinder-Zweitakt-Dieselmotors
1958, 104 Seiten, 22 Abb., DM 22,40

HEFT 445
Dr.-Ing. E. Barz, Remscheid
Fertigungs- und Prüfverfahren für Feilen
vergriffen

HEFT 446
Dr. med. G. Schäfer
Glutationsstoffwechsel und Sauerstoffmangel
1957, 28 Seiten, 5 Tab., DM 6,40

HEFT 447
Prof. Dr.-Ing. F. Bollenrath, Aachen, Dr.-Ing. H. Füllenbach, Seesen/Harz und Dipl.-Ing. J. Schumacher, Neuheckum/Westf.
Entwicklung rationell arbeitender Spritzkabinen
1958, 56 Seiten, 26 Abb., DM 13,55

HEFT 448
Dr. med. C. Winkler, Bonn
Ein Koinzidenz-Szintillometer zum Zwecke der Schilddrüsenfunktionsdiagnostik und der Tumordiagnostik
1957, 32 Seiten, 12 Abb., DM 8,35

HEFT 449
Priv.-Doz. Oberbaurat Dr.-Ing. W. Meyer zur Capellen und Mitarbeiter, Aachen
Bewegungsverhältnisse an der geschränkten Schubkurbel
in Vorbereitung

HEFT 450
Prof. Dr.-Ing. W. Paul, Bonn, und Dipl.-Phys. H. P. Reinhard, M.-Gladbach
Das elektrische Massenfilter als Isotopentrenner
1958, 56 Seiten, 20 Abb., DM 13,50

HEFT 451
Prof. Dr. G. Schmölders, Köln
Rationalisierung und Steuersystem
1957, 78 Seiten, DM 17,15

HEFT 452
Prof. Dr. rer. nat. W. Weltzien und Dr. phil. K. Windeck, Krefeld
Veränderungen an Fasern bei der Bleiche mit Natriumchlorid und über einige Vergilbungserscheinungen
1957, 64 Seiten, 3 Abb., 13 Tabellen, DM 14,85

HEFT 453
Forschungsinstitut der Feuerfest-Industrie, Bonn
Die Arbeiten der technisch-wissenschaftlichen Kommission der PRE (Vereinigung der europäischen Feuerfest-Industrie)
1957, 62 Seiten, 9 Abb., 18 Tabellen, DM 14,75

HEFT 454
Dr.-Ing. W. Piepenburg, Dipl.-Ing. B. Bühling und Bauing. J. Behnke, Köln
Haftfestigkeit der Putzmörtel
1958, 128 Seiten, 6 Abb., 63 Tabellen, DM 28,30

WESTDEUTSCHER VERLAG · KÖLN UND OPLADEN

HEFT 455
Dr.-Ing. W. A. Fischer, Dr.-Ing. H. Treppschuh und Dipl.-Phys. K. H. Köthemann, Düsseldorf
Erschmelzung von Reinsteisen nach dem Kohlenstoffproduktionsverfahren und Kerbschlagzähigkeit-Temperatur-Kurven dieses Eisens
1957, 38 Seiten, 7 Abb., 6 Tabellen, DM 9,35

HEFT 456
Priv.-Doz. Dir. Dr.-Ing. K. Bungardt, Essen
Zeitstandversuche an austenitischen Stählen und Legierungen
in Vorbereitung

HEFT 457
Prof. Dr. phil. F. Wever, Düsseldorf und Dr. phil. W. Wepner, Köln
Dämpfungsmessungen an schwach gereckten Eisen-Kohlenstoff-Legierungen
1957, 34 Seiten, 7 Abb., 3 Tab., DM 8,40

HEFT 458
Prof. Dr.-Ing. H. Schenck und Dr.-Ing. E. Schmidtmann, Aachen
Das Frischen von Thomas-Roheisen mit Sauerstoff-Wasserdampf-Gemischen und die Eigenschaften der damit erblasenen Stähle
1957, 62 Seiten, 56 Abb., DM 16,35

HEFT 459
Prof. Dr. phil. F. Wever, Dr. phil. O. Krisement und Hanna Schädler, Düsseldorf
Ein isothermes Mikrokalorimeter zur kinetischen Messung von Umwandlungs- und Ausscheidungsvorgängen in Legierungen
1957, 44 Seiten, 14 Abb., DM 10,75

HEFT 460
Prof. Dr. phil. F. Wever und Dr. rer. nat. B. Ilschner, Düsseldorf
Ein isothermes Lösungskalorimeter zur Bestimmung thermo-dynamischer Zustandsgrößen von Legierungen
1957, 44 Seiten, 7 Abb., 4 Tabellen, DM 10,40

HEFT 461
Prof. Dr.-Ing. habil. E. Piwowarski †, Prof. Dr.-Ing. W. Patterson und Dipl.-Ing. F. W. Iske, Aachen
Verbesserung der Zähigkeitseigenschaften von Bessemer-Stahlguß
1958, 54 Seiten, 15 Abb., 16 Tabellen, DM 12,75

HEFT 462
Prof. Dr. rer. nat. J. Weissinger
Zur Aerodynamik des Ringflügels — II. Die Ruderwirkung
Zur Aerodynamik des Ringflügels — III. Der Einfluß der Profildicken
1957, 82 Seiten, 7 Abb., 6 Tabellen, DM 18,20

HEFT 463
Dipl.-Ing. G. Plüss, Essen-Steele
Die Aufteilung der verbrennlichen Bestandteile in Verbrennungsgasen auf CO und H_2 bei Verbrennung mit Luftunterschuß und bei Luftüberschuß und künstlicher Flammenkühlung
1957, 34 Seiten, 7 Abb., 2 Tabellen, DM 8,40

HEFT 464
Dr. phil. habil. P. Hölemann und Ing. R. Hasselmann, Dortmund
Die Möglichkeit der Zündung von Acetylen in Rohrleitungen beim Ausblasen mit Stickstoff
1957, 38 Seiten, 6 Abb., 6 Tabellen, DM 9,20

HEFT 465
Dr.-Ing. R. Koch, Köln
Amerikanische Fertigungsunterlagen und ihre Werkstattreifmachung für deutsche Betriebe
in Vorbereitung

HEFT 466
Prof. Dr.-Ing. J. Mathieu, Aachen
Überbetrieblicher Verfahrensvergleich
1958, 68 Seiten, 16 Abb., DM 16,65

HEFT 467
Prof. Dr. Dr. h. c. E. Klenk und Dr. phil. H. Faillard, Köln
Neue Erkenntnisse über den Mechanismus der Zellinfektion durch Influenzavirus
Die Bedeutung der Neuraminsäure als Zellreceptor für das Influenzavirus
1957, 52 Seiten, 5 Abb., DM 14,40

HEFT 468
Prof. Dr. med. Dr. med. dent. G. Korkhaus und Dr. med. R. Alfter, Bonn
Die Vakuumwurzelbehandlung
1958, 52 Seiten, 51 Abb., DM 16,55

HEFT 469
Dr. sc. agr. F. Riemann und Dipl.-Volksw. R. Hengstenberg, Göttingen
Zur Industrialisierung kleinbäuerlicher Räume
1957, 138 Seiten, 4 Karten, 23 Tab., DM 27,—

HEFT 470
O. Wehrmann
Hitzdrahtmessungen in einer aufgespaltenen Kármánschen Wirbelstraße
1957, 42 Seiten, 14 Abb., 4 Tabellen, DM 10,90

HEFT 471
Prof. Dr. phil. habil. A. Naumann, Dr.-Ing. A. Heyser und Dr. phil. Dipl.-Ing. W. Trommsdorff, Aachen
Der Überdruck-Windkanal in Aachen
1957, 44 Seiten, 20 Abb., DM 11,—

HEFT 472
Dipl.-Ing. A. Freitag, Essen-Steele
Verhalten von Katalytstrahlern bei Betrieb mit Luftvormischung zum Gas und der Verbrennung von Luft gegen eine Gasatmosphäre
1958, 44 Seiten, 18 Abb., 1 Tabelle, DM 11,10

HEFT 473
Prof. Dr. phil. F. Wever, Dr.-Ing. W. Lueg und Dipl.-Ing. P. Funke jr. Düsseldorf
Versuche an einer hydraulischen 25 t-Stangenziehbank
1957, 34 Seiten, 11 Abb., DM 8,95

HEFT 474
Dr.-Ing. R. Ibing und Dipl.-Ing. G. Meier, Hannover
Eichung und Entwicklung von Staubentnahmesonden
1958, 32 Seiten, 9 Abb., 2 Tabellen, DM 8,65

HEFT 475
Prof. Dipl.-Ing. W. Sturtzel, Obering. Helm und Dipl.-Ing. Heuser, Duisburg
Systematische Ruderversuche mit einem Schleppkahn und einem Binnenselbstfahrer vom Typ „Gustav Koenigs"
1958, 84 Seiten, 38 Abb., 4 Tabellen, DM 20,10

HEFT 476
Prof. Dipl.-Ing. W. Sturtzel und Dipl.-Ing. Schmidt-Stiebitz, Duisburg
Einfluß der Hinterschiffsform auf das Manövrieren von Schiffen auf flachem Wasser
in Vorbereitung

HEFT 477
Dr. K. Utermann, Dortmund
Freizeitprobleme bei der männlichen Jugend einer Zechengemeinde
1957, 56 Seiten, DM 12,75

HEFT 478
Prof. Dr.-Ing. habil. W. Petersen und Dr.-Ing. S. Wawroschek, Aachen
Brikettierungsversuche zur Erzeugung von Möllerbriketts unter Verwendung von Braunkohle
1957, 102 Seiten, 42 Abb., 6 Tabellen, DM 24,25

HEFT 479
Prof. Dr.-Ing. W. Wegener, Aachen, und Dipl.-Ing. H. Fourné, Bochum
Ursachen des Überschreitens der Toleranzgrenze nach oben oder unten (Meter pro Gramm) an der Strecke
1958, 60 Seiten, 17 Abb., 3 Tabellen, DM 14,60

HEFT 480
Dr. phil. K. Brücker-Steinkuhl, Düsseldorf
Anwendung mathematisch-statistischer Verfahren bei der Fabrikationsüberwachung
in Vorbereitung

HEFT 481
Oberbaurat Dr.-Ing. W. Meyer zur Capellen, Aachen
Fünf- und sechspunktige Geradführung in Sonderlagen des ebenen Gelenkvierecks
in Vorbereitung

HEFT 482
Dipl.-Ing. R. Pels-Leusden und Dr. K. Bergmann, Essen
Die Frostbeständigkeit von Ziegeln; Einflüsse der Materialzusammensetzung und des Brandes
1958, 84 Seiten, 31 Abb., 4 Tab., DM 20,45

HEFT 483
Prof. Dr.-Ing. habil. F. A. F. Schmidt, Aachen
Gemischbildungs-, Selbstzündungs- und Verbrennungsvorgänge als Grundlage für Entwicklungsarbeiten an Gasturbinenbrennkammern
in Vorbereitung

HEFT 484
Prof. Dr. habil. H. E. Schwiete und Dr. G. Schwiete, Aachen
Beitrag zur Struktur des Montmorillonit
in Vorbereitung

HEFT 485
Prof. Dr. phil. E. Jenckel, Aachen, Dr. H. Wilsing, Dormagen, Dr. H. Dörffurt, Wesseling/Bez. Köln und Dipl.-Phys. H. Rinkens, Eschweiler
Kristallisation der Hochpolymeren
in Vorbereitung

HEFT 486
Doz. Dr. med. E. Lerche und Dr. med. J. Schulze, Aachen
Hörermüdung und Adaptation im Tierexperiment
1958, 44 Seiten, 12 Abb., DM 10,55

HEFT 487
Prof. Dipl.-Ing. W. Blume, Duisburg
Festigkeitseigenschaften kombinierter Leichtbaustoffe im Hinblick auf die Verkehrstechnik, insbesondere des Flugzeugbaus
1958, 102 Seiten, 31 Abb., 2 Tabellen, DM 25,50

HEFT 488
Prof. Dr. habil. H. E. Schwiete und Dipl.-Chem. H. Westmark
Beitrag zur Kennzeichnung der Texturen von Schamottesteinen
1958, 62 Seiten, 34 Abb., 7 Tab., DM 16,80

HEFT 489
Dipl.-Math. K. H. Müller
Strenge Lösungen der Navier-Stokes-Gleichung für rotationssymmetrische Strömungen
1957, 64 Seiten, 23 Abb., DM 14,85

HEFT 490
Hauptstelle für Staub- und Silikosebekämpfung des Steinkohlenbergbauvereins, Essen-Rüttenscheid
Zur Staub- und Silikosebekämpfung im Steinkohlenbergbau
in Vorbereitung

HEFT 491
Prof. Dr. Fr. Lotze und K. Kötter, Münster
Chloridgehalte des oberen Emsgebietes und ihre Beziehungen zur Hydrogeologie
in Vorbereitung

HEFT 492
Prof.-Dr. phil. J. Meixner und B. Manz, Aachen
Zur Theorie der irreversiblen Prozesse in α-Eisen
1958, 22 Seiten, 1 Abb., DM 5,70

HEFT 493
Prof. Dr. phil. habil. A. Naumann und Dipl.-Ing. H. Pfeiffer, Aachen
Versuche an Wirbelstraßen hinter Zylindern bei hohen Geschwindigkeiten
1958, 46 Seiten, 19 Abb., DM 11,65

HEFT 494
Dipl.-Ing. W. Rohs und Text.-Ing. Griese, Bielefeld
Entwicklung und Erprobung eines verbesserten elektrischen Kettfadenwächtergeschirrs für die Leinen- und Halbleinenweberei
1957, 56 Seiten, 9 Abb., 11 Tabellen, DM 13,—

HEFT 495
Prof. Dr. phil. E. Asmus und Dr. rer. nat. H.-F. Kurandt, Berlin
Einige analytische Anwendungen der Zincke-Königschen Reaktion
1958, 46 Seiten, 14 Abb., 7 Tab., DM 11,45

HEFT 496
Dipl.-Chem. P. Vogel, Krefeld
Färberische Eigenschaften von zur Herstellung von Verdickungen in der Stoffdruckerei bestimmten Stoffen
1957, 38 Seiten, 3 Abb., 3 Tabellen, DM 9,30

HEFT 497
Oberarzt Dr. med. G. Mußgnug, Bottrop
Die Knochenveränderungen und der Knochenstoffwechsel beim Sudeck-Syndrom
1958, 58 Seiten, 18 Abb., DM 13,85

HEFT 498
Prof. Dr.-Ing. H. Zahn und Dr. rer. nat. W. Gerstner, Aachen
Herstellung säurefester technischer Gewebe
1957, 40 Seiten, 8 Tabellen, DM 9,65

HEFT 499
Priv.-Doz. Dr. J. Juilfs, Krefeld
Die Bestimmung des Wasserrückhaltevermögens (bzw. des Quellwertes) von Fasern
1958, 42 Seiten, 8 Abb., 8 Tabellen, DM 10,35

WESTDEUTSCHER VERLAG · KÖLN UND OPLADEN

HEFT 500
Priv.-Doz. Dr. J. Juilfs, Krefeld
Vergleichende Untersuchungen am Schopper-Scheuerprüfgerät
1958, 74 Seiten, 34 Abb., verschied. Tab., DM 18,10

HEFT 501
Dipl.-Ing. W. Rohs und Dr. J. Geurten, Bielefeld
Untersuchungen in der Leinengarnbleiche
1958, 50 Seiten, 5 Abb., 5 Tabellen, DM 11,50

HEFT 502
Prof. Dr. M. Diem und Dr. R. Trappenberg, Karlsruhe
Berechnung der Ausbreitung von Staub und Gas
1957, 200 Seiten, mit zahlreichen Diagr., DM 37,30

HEFT 503
Dr. rer. nat. J. Faßbender, Bonn
Untersuchungen über die Eigenschaften von Cadmiumsulfid-Sandwich-Zellen
1957, 36 Seiten, 8 Abb., DM 8,80

HEFT 504
Prof. Dr. phil. F. Wever, Dr. phil. W. Wink und Dr. rer. nat. W. Jellinghaus, Düsseldorf
Versuchsanordnung zur Messung der Suszeptibilität paramagnetischer Stoffe und Meßergebnisse an Nickel-Chrom- und Kobalt-Nickel-Chrom-Werkstoffen
1958, 38 Seiten, 10 Abb., 2 Tabellen, DM 9,95

HEFT 505
Prof. Dr.-Ing. F. A. F. Schmidt und Dipl.-Ing. H. Heitland, Aachen
Einfluß des Selbstzündungsverhaltens der Kraftstoffe auf den Verbrennungsablauf, Wirkungsgrad und Druckverlust von Hochleistungsbrennkammern
in Vorbereitung

HEFT 506
Prof. Dr.-Ing. W. Meyer zur Capellen, Aachen
Der Flächeninhalt von Koppelkurven. — Ein Beitrag zu ihrem Formenwandel
in Vorbereitung

HEFT 507
Prof. Dr. H. Kaiser, Dr. G. Bergmann und Dr. G. Gresze, Dortmund
Kartei zur Dokumentation in der Molekülspektroskopie
in Vorbereitung

HEFT 508
Dr. H. Schmidt-Ries, Krefeld
Limnologische Untersuchungen des Rheinstromes I (Hydrobiologische und physiographische Untersuchungen)
1958, 76 Seiten, DM 33,90

HEFT 509
Dr. Schmidt-Ries, Krefeld
Limnologische Untersuchungen des Rheinstromes I (Tabellenwerk)
in Vorbereitung

HEFT 510
Prof. Dr. rer. nat. W. Groth und Dr.-Ing. K. Bayerle, Bonn
Anreicherung der Uranisotope nach dem Gaszentrifugenverfahren
1958, 88 Seiten, 43 Abb., DM 21,20

HEFT 511
H. Wahl, G. Kantenwein und W. Schäfer, Essen
Gesteinsbohr-Modellversuche zur Frage des Drehbohrens, Schlagbohrens und Drehschlagbohrens
in Vorbereitung

HEFT 512
Prof. Dr. H. Strassl, Bonn
Azimut-Monogramme für alle Stundenwinkel und Deklinationen im Bereich der geographischen Breiten von —80° bis +80°
in Vorbereitung

HEFT 513
Prof. Dr. W. Schmitz und Dr. rer. F. Schmitt, Mülheim/Ruhr
Die Verwendung des Magnetbandgerätes zur Speicherung des Kurvenverlaufs elektrischer Ströme
1958, 68 Seiten, 35 Abb., DM 17,65

HEFT 514
Dr. rer. nat. M.-E. Meffert, Essen
Die Kultur von Scenedesmus obliquus in Abwasser
1957, 46 Seiten, 7 Abb., 7 Tabellen, DM 10,85

HEFT 515
Prof. Dr. habil. H. E. Schwiete und Dr.-Ing. Chr. Hummel, Aachen
Thermochemische Untersuchungen im System SiO_2 und Na_2O-SiO_2
1958, 122 Seiten, 29 Abb., 28 Tabellen, DM 28,00

HEFT 516
Prof. Dr.-Ing. H. Müller, Dipl.-Ing. F. Reinke und Dipl.-Ing. W. Sorgenicht, Essen
Gesamtstrahlungsmessungen der Temperaturstrahlung
in Vorbereitung

HEFT 517
Prof. Dr. med. G. Lehmann und Dr. med. J. Meyer-Delius, Dortmund
Gefäßreaktionen der Körperperipherie bei Schalleinwirkung
1958, 36 Seiten, 12 Abb., DM 9,15

HEFT 518
Dr.-Ing. H. Scheffler, Dortmund
Funktionelle Zusammenhänge der dynamischen Einflußgrößen beim handgeführten Druckluft-Abbauhammer und ihre Berücksichtigung für die Konstruktion rückstoßarmer Hämmer
in Vorbereitung

HEFT 519
Prof. Dr. phil. F. Wever, Dr. phil. W. Koch und Dr. phil. S. Eckhard, Düsseldorf
Die spektrographische Bestimmung der Spurenelemente in Stahl ohne vorherige Abbrennung
1958, 50 Seiten, 22 Abb., DM 12,60

HEFT 520
Prof. Dr.-Ing. H. Opitz, Dipl.-Ing. H. Obrig und Dipl.-Ing. P. Kips, Aachen
Untersuchung neuartiger elektrischer Bearbeitungsverfahren
1958, 58 Seiten, 35 Abb., DM 14,70

HEFT 521
Prof. Dr.-Ing. H. Opitz und Dipl.-Ing. K. E. Schwartz, Aachen
Das Abrichten von Schleifscheiben mit Diamanten
1958, 72 Seiten, 34 Abb., 3 Tabellen, DM 17,15

HEFT 522
J. Lorentz und K. Brocks
Elektrische Meßverfahren in der Geodäsie
1958, 118 Seiten, 49 Abb., 5 Tab., DM 28,—

HEFT 523
K. Eberts
Entwicklungen einiger Meßverfahren und einer Frequenz- und amplitudenstabilisierten Meßeinrichtung zur gleichzeitigen Bestimmung der komplexen Dielektrizitäts- und Permeabilitätskonstante von festen und flüssigen Materialien im rechteckigen Hohlleiter und im freien Raum bei Frequenzen von 9200 und 33000 MHz
1958, 132 Seiten, 37 Abb., DM 30,20

HEFT 524
Dr. rer. nat. S. Lockau, Emlichheim
Versuche zur Gewinnung von Kartoffeleiweiß
1958, 56 Seiten, 2 Abb., DM 12,70

HEFT 525
Prof. Dr. h.c. H. P. Kaufmann und Dr. F. Weghorst, Münster
Beiträge zur Chemie und Technologie der Fetthärtung I
in Vorbereitung

HEFT 526
Dr. phil. habil. P. Hölemann und Ing. R. Hasselmann, Dortmund
Einfluß der Oberflächenbeschaffenheit der Wandung auf den Ablauf von Azetylenexplosionen
1958, 62 Seiten, 8 Abb., 10 Tabellen, DM 14,50

HEFT 527
Dr. rer. nat. K. G. Müller, Hanau/W.
Wärmeübertragung auf eine Flugstaubströmung im senkrechten Rohr sowie auf eine durchströmte Schüttgutschicht
in Vorbereitung

HEFT 528
Dr. P. Ney und Dr. F. Schwarz, Köln
Physikochemische Grundlagen der Bildsamkeit von Kalken unter Einbeziehung des Begriffs der aktiven Oberfläche
Kristallchemische Betrachtung der Bildsamkeit
1958, 110 Seiten, 34 Abb., 6 Tabellen, DM 26,75

HEFT 529
Dr. phil. G. Riedel, Dortmund
Messung und Regelung des Klimazustandes durch eine die Erträglichkeit für den Menschen anzeigende Klimasonde
1958, 78 Seiten, 35 Abb., DM 17,95

HEFT 530
Prof. Dr. med. O. Graf, Dortmund
Nervöse Belastung im Betrieb — I. Teil: Nachtarbeit und nervöse Belastung
in Vorbereitung

HEFT 531
Prof. Dr.-Ing. habil. K. Krekeler, Dipl.-Ing. H. Verhoeven und Dipl.-Ing. H. Ernenpütsch, Aachen
Autogenes Entspannen bei niedrigen Temperaturen
in Vorbereitung

HEFT 532
Prof. Dr.-Ing. habil. K. Krekeler, Dipl.-Ing. H. Verhoeven und Dipl.-Ing. W. Krieweth, Aachen
Schutzgasschweißen mit kontinuierlich abschmelzender Elektrode von niedriglegierten Kohlenstoffstählen (Sigma-Schweißen)
in Vorbereitung

HEFT 533
Prof. Dr.-Ing. H. Opitz und Dipl.-Ing. W. Hölken, Aachen
Untersuchung von Ratterschwingungen an Drehbänken
1958, 84 Seiten, 44 Abb., 2 Tab., DM 19,70

HEFT 534
Oberbergamtsdirektor H. Sanders, Dortmund
Seismische Forschungsarbeiten im Ostteil des Grubenfeldes König Ludwig
in Vorbereitung

HEFT 535
Dr.-Ing. J. Lennertz, Köln
Einfluß des Ausbaugrades und Benutzungsgrades nachrichtentechnischer Einrichtungen auf die Gesamtwirtschaft
in Vorbereitung

HEFT 536
Dr. rer. nat. C. W. Czernin-Chudenitz, Krefeld
Limnologische Untersuchungen des Rheinstromes. — Quantitative Phytoplanktonuntersuchungen
in Vorbereitung

HEFT 537
Dr.-Ing. N. Gössl, Frankfurt/M.
Probleme der Zugförderung im Zusammenhang mit der Ausnutzung der Atom-Energie
in Vorbereitung

HEFT 538
Prof. Dr. K. Hinsberg, Düsseldorf
Reaktion zur Frühdiagnose von Krebserkrankungen
1958, 28 Seiten, 1 Abb., 3 Tabellen, DM 7,00

HEFT 539
Prof. Dr. L. v. Ubisch, Norwegen
Die philogenetischen Symmetrieveränderungen bei den Seeigeln
in Vorbereitung

HEFT 540
Prof. Dr. rer. nat. H. Krebs, Bonn
Die katalytische Aktivierung des Schwefels
in Vorbereitung

HEFT 541
Prof. Dr. O. Schmitz-DuMont, Bonn
Reaktionen in flüssigem Ammoniak zur Gewinnung von 1. Titanylamid, 2. Oxykobalt(III)-amiden, 3. Ammonobasischen Kobalt(III)-benzylaten
in Vorbereitung

HEFT 542
Dr. phil. nat. G. Zapf, Schwelm
Entwicklung eines Verfahrens zur Herstellung von Formteilen aus Sintermessing
in Vorbereitung

HEFT 543
Prof. Dr. phil. habil. H. E. Schwiete, Dr. phil. H. Müller-Hesse und Dipl.-Ing. G. Gelsdorf, Aachen
Einlagerungsversuche an synthetischem Mullit. Teil II
1958, 42 Seiten, 5 Abb., 10 Tab., DM 10,—

HEFT 544
Prof. Dr. phil. habil. H. E. Schwiete, Dr.-Ing. A. K. Bose und Dr. phil. H. Müller-Hesse, Aachen
Die Schmelzphase in Schamottesteinen. — Teil II
in Vorbereitung

HEFT 545
Prof. Dr. phil. habil. H. E. Schwiete, Dr. rer. nat. G. Ziegler und Dipl.-Ing. Ch. Kliesch, Aachen
Thermochemische Untersuchungen über die Dehydration des Montmorillonits
in Vorbereitung

HEFT 546
Prof. Dr.-Ing. K. Leist und K. Graf, Aachen
Vergleich von Gleichdruck- und Verpuffungsgasturbinen
in Vorbereitung

HEFT 547
Prof. Dr.-Ing. K. Leist, K. Graf und D. Stojek, Aachen
Das betriebliche Verhalten von Gasturbinen-Fahrzeugen
in Vorbereitung

WESTDEUTSCHER VERLAG · KÖLN UND OPLADEN

HEFT 548
Prof. Dr.-Ing. K. Leist und J. Weber, Aachen
Spannungsoptische Untersuchungen von Turbinenscheiben mit angefrästen und eingesetzten Schaufeln
in Vorbereitung

HEFT 549
Dr.-Ing. R. Merten, Duisburg
Resonanzanpassung bei einem Tiefpaß
1958, 36 Seiten, 16 Abb., DM 9,—

HEFT 550
Dr. H. Stephan, Bonn
Elektrisches Standhöhenmeßgerät für Flüssigkeiten
1958, 40 Seiten, 13 Abb., 2 Tab., DM 10,10

HEFT 551
Prof. Dr. phil. W. Weizel und Dipl.-Phys. B. Brandt, Bonn
Betriebsbedingungen einer stromstarken Glimmentladung
1958, 68 Seiten, 18 Abb., DM 16,00

HEFT 552
Dr.-Ing. G. Leiber und Dipl.-Ing. D. Schauwinhold, Duisburg-Hamborn
Versuche zur Erzeugung halbberuhigten Stahles
1958, 42 Seiten, 23 Abb., 6 Tabellen, DM 11,30

HEFT 553
Prof. Dr. rer. pol. G. Garbotz und Dipl.-Ing. J. Theiner, Aachen
Untersuchungen der Walzverdichtungsvorgänge auf Lößlehm, Kies und Schotter
in Vorbereitung

HEFT 554
Prof. Dr.-Ing. H. Müller, Essen
Untersuchung von Elektrowärmegeräten für Laienbedienung hinsichtlich Sicherheit und Gebrauchsfähigkeit. — Teil II: Temperaturen an und in schmiegsamen Elektrogeräten
in Vorbereitung

HEFT 555
Prof. Dr. med. H. Elbel und Dipl.-Phys. K. Sellier, Bonn
Der Nachweis kleinster CO-Mengen in Körperflüssigkeiten
1958, 36 Seiten, 12 Abb., DM 9,10

HEFT 556
Prof. Dr. A. Gütgemann und Dr. med. G. Karcher, Bonn
Klinische und experimentelle Untersuchungen mit Hilfe einer künstlichen Niere
1958, 28 Seiten, 4 Abb., DM 7,10

HEFT 557
Dr.-Ing. H. Schiffers, Dipl.-Ing. D. Ammann, Dipl.-Ing. E. Brugger und R. Dicke, Aachen
Härtbarkeit von Gußeisen mit Lamellen- und Kugelgraphit in Abhängigkeit von Zusammensetzung und Gefüge
1958, 44 Seiten, 24 Abb., 1 Tab., DM 11,—

HEFT 558
Dr. phil. C. A. Roos, Aachen
Menschlich bedingte Fehlleistungen im Betrieb und Möglichkeiten ihrer Verringerung
in Vorbereitung

HEFT 559
Prof. Dr. H. E. Schwiete und Dipl.-Chem. R. Gauglitz, Aachen
Die Verflüssigung von Montmorillonitschlämmen
in Vorbereitung

HEFT 560
Prof. Dr. med. J. Vonkennel und Dr. G. Froitzheim, Köln
Zur Prüfung silikonhaltiger Hautschutzsalben
in Vorbereitung

HEFT 561
Prof. Dipl.-Ing. W. Sturtzel und Dr.-Ing. Schmidt-Stiebitz, Duisburg
Verbesserung des Wirkungsgrades von Düsenpropellern durch zusätzlich angeordnete Mischdüsen
in Vorbereitung

HEFT 562
Prof. Dr.-Ing. H. Schenck, Prof. Dr. phil. habil N. G. Schmahl und Dr.-Ing. G. Funke, Aachen
Die Reduzierbarkeit von Eisenerzen
in Vorbereitung

HEFT 563
Dr. D. v. Oppen, Dortmund
Beiträge zur Soziologie der Gemeinde im Ruhrgebiet.—
II. Familien in ihrer Umwelt
in Vorbereitung

HEFT 565
Dr. K. Hahn und Dr. R. Mackensen, Dortmund
Beiträge zur Soziologie der Gemeinde im Ruhrgebiet.
— IV. Die kommunale Neuordnung des Ruhrgebietes, dargestellt am Beispiel Dortmunds
in Vorbereitung

HEFT 566
Dr. H. Klages, Dortmund
Der Nachbarschaftsgedanke und die nachbarliche Wirklichkeit in der Großstadt
in Vorbereitung

HEFT 567
Dr. rer. nat. K. Sauerwein, Düsseldorf
Anwendungen radioaktiver Isotope in der Technik
in Vorbereitung

HEFT 568
Prof. Dr. Alde, Dipl.-Chem. M. Dollhausen und Dipl.-Chem. M. Tremery, Köln
Über einige neue Reaktionen des Indens
in Vorbereitung

HEFT 569
Dr. phil. habil. P. Hölemann, Ing. R. Hasselmann und J. Strootmann, Düsseldorf
Acetylenverluste an Naßentwicklern
in Vorbereitung

HEFT 570
Prof. Dr.-Ing. habil. K. Krekeler, Dr.-Ing. H. Peukert und Dipl.-Ing. O. Schwarz, Aachen
Kerbempfindlichkeit thermoplastischer Kunststoffe abhängig von der Kerbform und der Beanspruchungstemperatur
in Vorbereitung

HEFT 571
Privatdozent Dr. med. W. Klosterkötter, Münster
Wirkung der Kieselsäure bei der Entstehung der Silikose
1958, 166 Seiten, 98 Abb., DM 41,95

HEFT 572
Dipl.-Kaufmann Dipl.-Volksw. Jean-Baptiste Felten, Köln
Wert und Bewertung ganzer Unternehmungen unter besonderer Berücksichtigung der Energiewirtschaft
in Vorbereitung

HEFT 573
Prof. Dr. phil. F. Wever, Dr. rer. nat. W. Jellinghaus und Dr.-Ing. Toshimori Shuin, Düsseldorf
Gemischt-keramische Sinterwerkstoffe aus Aluminiumoxyd und Eisen oder Eisenlegierungen
in Vorbereitung

HEFT 574
Dr.-Ing. habil. H. Klingelhöffer, München
Trocknungsvorgänge beim Beschichten von Papier und Pappen mit Kunststoffdispersionen
in Vorbereitung

HEFT 575
Prof. Dr. phil. habil. C. Kröger, Aachen
Verkokungsverhalten der Steinkohlenmacerale und ihrer Mischungen
in Vorbereitung

HEFT 576
Prof. Dr. F. Micheel und Dr. H. G. Bussmann, Münster
Untersuchung synthetischer Kohlenhydrat-Eiweißverbindungen mit der Ultracentrifuge bei der Elektrophorese
in Vorbereitung

HEFT 577
S. Ruff u. a.
Untersuchungen zur therapeutischen Anwendung des Sauerstoffmangels
1958, 128 Seiten, 30 Abb., DM 29,10

HEFT 578
G. Fellner
Der Einfluß der Fluggeschwindigkeit auf die Wirtschaftlichkeit von Durch- und Ausstromtriebwerk
in Vorbereitung

HEFT 579
Dipl.-Ing. H. J. Koch, Essen
Untersuchungen über den Abhebedruck von Brenngasen
in Vorbereitung

HEFT 580
Prof. Dr.-Ing. A. Götte und Dipl.-Chem. G. Scholz, Aachen
Unterstützung der Entwässerung von Feinkohle durch chemische Hilfsmittel
in Vorbereitung

HEFT 581
Obermedizinalrat a. D. Dr. med. F. Bassermann, Regensburg
Elektronenoptische Untersuchungen an Ultradünnschnitten des Tuberkulose-Erregers sowie der käsigen Gewebsnekrose und zum Problem des Vorkommens einer mycobakteriellen L-Phase
in Vorbereitung

HEFT 582
Dr. phil. C. A. Roos, Aachen
Arbeitsleistung und Arbeitsgüte
in Vorbereitung

HEFT 583
Prof. Dr. phil. F. Kirchner, Dipl.-Phys. H. Baron und Dipl.-Phys. H. Kirchner, Köln
Verwendbarkeit von Zählrohren zu massenspektrometrischen Untersuchungen
in Vorbereitung

HEFT 584
G. Kroebel, Köln
Maßnahmen der Nachwuchs- und Talentförderung im Deutschen Gewerkschaftsbund
1958, 72 Seiten, DM 16,35

HEFT 585
Dr. phil. M. Simoneit, Köln
Gedanken und Vorschläge zur Auslese technischer Talente
in Vorbereitung

HEFT 586
Dr.-Ing. W. A. Fischer und Dr. rer. nat. A. Hoffmann, Düsseldorf
Verhalten von Eisen- und Stahlschmelzen im Hochvakuum
in Vorbereitung

HEFT 587
Dipl.-Ing. H. Schmidt, Krefeld
Auswirkung der Strömungsverhältnisse in Trommelwaschmaschinen unter besonderer Berücksichtigung des Durchlaufspülens
in Vorbereitung

HEFT 588
Dr.-Ing. W. Wilhelm, Aachen
Untersuchungen über den Einfluß der Auspuffrohrabmessungen auf den Ladungswechsel einer Einzylinder-Zweitakt-Vergasermaschine mit Kurbelkastenspülung
in Vorbereitung

HEFT 589
Prof. Dr. phil. habil. C. Kröger, Aachen
Wärmebedarf der Silikatglasbildung
in Vorbereitung

HEFT 590
Übergabe des Synchro-Zyklotrons an das Institut für Strahlen- und Kernphysik der Universität Bonn am 8. Mai 1957
in Vorbereitung

HEFT 591
Dr. Schairer, Köln
Aufgabe, Struktur und Entwicklung der Stiftungen
in Vorbereitung

HEFT 592
Verein zur Förderung des Forschungsinstituts für Rationalisierung an der Rhein.-Westf. Technischen Hochschule Aachen
Das Forschungsinstitut für Rationalisierung an der Rhein.-Westf. Technischen Hochschule Aachen
in Vorbereitung

HEFT 593
Dr. phil. C. A. Roos, Aachen
Berufseignung und Berufseinsatz — I. Teil
in Vorbereitung

HEFT 594
Prof. Dr. A. Nikuradse, München
Energieabsorption von Atomkernstrahlen in organischen Stoffen und durch sie hervorgerufene Reaktionsprozesse
in Vorbereitung

HEFT 595
Prof. Dr. A. Nikuradse und Dipl.-Phys. K. Kugler, München
Einfluß der molekularen bzw. atomaren Beschaffenheit der Festwandoberflächenschicht auf die Wechselwirkung zwischen auftreffenden Gasmolekülen und der Wand
in Vorbereitung

HEFT 596
Dipl.-Ing. K.-H. Hardieck, Aachen
Theoretische und experimentelle Untersuchungen der stationären Vorgänge in magnetischen Verstärkern
in Vorbereitung

HEFT 597
Prof. Dr. phil. F. Wever, Dr. phil. W. Wink und Dr. rer. nat. W. Jellinghaus, Düsseldorf
Suszeptibilitätsmessungen an hochwarmfesten Legierungen auf Nickel-Chrom- und Kobalt-Nickel-Chrom-Grundlage
in Vorbereitung

HEFT 598
Prof. Dr.-Ing. F. A. F. Schmidt, Aachen
Hydrodynamische und mechanische Gesetzmäßigkeit eines nach dem Scheibenverteilerprinzip arbeitenden Einspritzsystems für Ottomotore
in Vorbereitung

WESTDEUTSCHER VERLAG · KÖLN UND OPLADEN

HEFT 599
Dr. phil. W. Koch und Dipl.-Phys. Dr. phil. H. Sundermann, Düsseldorf
Elektrochemische Grundlagen der Isolierung von Gefügebestandteilen in metallischen Werkstoffen
in Vorbereitung

HEFT 600
Dr. phil. W. Koch, Dr. phil. S. Eckhard und Dr. rer. nat. F. Stricker, Düsseldorf
Die lichtelektrische Spektralanalyse der Gase im Stahl
in Vorbereitung

HEFT 601
W. Barbo und E. Stiller, Köln
Die Lage des Technisch-Wissenschaftlichen Nachwuchses und der Technisch-Wissenschaftlichen Hochschulen in der Bundesrepublik
in Vorbereitung

HEFT 602
H. von Stebut, Köln
Die Hochschulen in der Aufwärtsentwicklung Westdeutschlands
in Vorbereitung

HEFT 603
Prof. Dr.-Ing. L. Engel und Dr.-Ing. J. Foerster, Clausthal-Zellerfeld
Gummielastische Stoffe als Dämpfungselemente an schlagenden Werkzeugen
in Vorbereitung

HEFT 604
Dipl.-Ing. H. Gröttrup, Aachen
Studienanalyse halbautomatischer Dokumentationsselektoren
in Vorbereitung

HEFT 605
Ing. L. Bommes, M.-Gladbach
Bestimmung von Leistung und Wirkungsgrad eines Ventilators
in Vorbereitung

HEFT 606
Oberbaurat Prof. Dr.-Ing. W. Meyer zur Capellen, Aachen
Eine Getriebegruppe mit stationärem Geschwindigkeitsverlauf
in Vorbereitung

HEFT 607
Prof. Dr. rer. pol. H. Jecht, Münster
Die Wettbewerbslage der westdeutschen Juteindustrie
in Vorbereitung

HEFT 608
Prof. Dr. habil. W. Linke und Dipl.-Ing. W. Hufschmidt, Aachen
Wärmeübergang bei pulsierender Strömung
in Vorbereitung

HEFT 609
Technisch-Wissenschaftliches Büro für die Bastfaserindustrie, Bielefeld
Verteilung der Bastfasern im Verzugsfeld einer Nadelstabstrecke
1958, 56 Seiten, 10 Abb., 2 Tab., DM 13,45

HEFT 610
Prof. J. W. Korte, Dr.-Ing. P. A. Mäcke und Dipl.-Ing. R. Lapierre
Gestaltung von Straßenverkehrsanlagen
in Vorbereitung

HEFT 611
Dr. R. Schairer, Köln
Aufgaben der Talentförderung
in Vorbereitung

HEFT 612
Dr. H. Bauer, Köln
Der Betrieb als Bildungsfaktor
in Vorbereitung

HEFT 613
Prof. Dr. phil. habil. E. Graeser, Göttingen
Vergleichende Studien über die Art, die Bedeutung und den Erfolg der Ausbildung von Ingenieuren, Mathematikern und Naturwissenschaftlern in der sogenannten Deutschen Demokratischen Republik und in der Bundesrepublik
in Vorbereitung

HEFT 614
Prof. Dr. W. Weltzien, Krefeld
Die Textilforschungsanstalt Krefeld 1920—1958
Ein Bericht zur Einweihung ihres Neubaus Frankenring 2
1958, 100 Seiten, 16 Abb., 23,50

HEFT 615
Prof. Dr. W. Weizel und Duk Hyun Whang, Bonn
Stromverteilung auf der Kathode einer Glimmentladung in Spalten bei hohen Drucken und abseits stehender Anode
in Vorbereitung

HEFT 616
Prof. Dr. W. Weizel und W. Ohlendorf, Bonn
Die Glimmentladung in spaltartigen Entladungsräumen
in Vorbereitung

HEFT 617
Prof. Dipl.-Ing. W. Sturzel und Dr.-Ing. W. Graff, Duisburg
Systematische Untersuchungen von Kleinschiffsformen auf flachem Wasser im unter- und überkritischen Geschwindigkeitsbereich
in Vorbereitung

HEFT 618
Prof. Dipl.-Ing. W. Sturtzel, Dr.-Ing. W. Graff, Duisburg
Untersuchungen der in stehendem und strömendem Wasser festgestellten Änderungen des Schiffswiderstandes durch Druckmessungen
in Vorbereitung

HEFT 619
Prof. Dr. med. O. Graf, Dr. med. Dr. phil. J. Rutenfranz, Dortmund
Zur Frage der Belastung von Jugendlichen
in Vorbereitung

HEFT 620
Dr. rer. nat. D. Horstmann, Düsseldorf
Der Einfluß von Aluminium im Eisen- und im Zinkbad auf den Zinkangriff
in Vorbereitung

HEFT 621
Techn.-Wissensch. Büro für die Bastfaser-Industrie, Bielefeld
Untersuchungen zur Verbesserung des Leinenwebstuhles V
in Vorbereitung

HEFT 622
Prof. Dr. W. Franz, Münster
Theorie der Elektronenbeweglichkeit in Halbleitern
in Vorbereitung

HEFT 623
Dr. phil. C. A. Roos, Aachen
Berufseignung und Berufseinsatz, II. Teil
in Vorbereitung

HEFT 624
Prof. Dr. G. Schmölders, Köln
Progression und Regression
in Vorbereitung

HEFT 625
Prof. Dr.-Ing. habil. W. Petersen und Dr.-Ing. S. Wawroscheck, Aachen
Brikettierungsversuche zur Erzeugung von Möllerbriketts für die Schwelverhüttung
in Vorbereitung

HEFT 626
Deutsches Krankenhaus-Institut e.V., Düsseldorf
Arbeitsabläufe auf Krankenstationen
in Vorbereitung

HEFT 627
Prof. Dr. phil. H. Wurmbach, Bonn
Steuerung von Wachstum und Formbildung
in Vorbereitung

HEFT 628
Prof. Dr.-Ing. E. Siebel, Düsseldorf
Die Ermittlung der Fließkurven von Schraubenwerkstoffen
in Vorbereitung

WESTDEUTSCHER VERLAG · KÖLN UND OPLADEN

MIX
Papier aus verantwortungsvollen Quellen
Paper from responsible sources
FSC® C105338

If you have any concerns about our products,
you can contact us on
ProductSafety@springernature.com

In case Publisher is established outside the EU,
the EU authorized representative is:
Springer Nature Customer Service Center GmbH
Europaplatz 3, 69115 Heidelberg, Germany

Printed by Libri Plureos GmbH
in Hamburg, Germany